铀尾矿库周边土壤中铀的赋存特征及迁移转化机制

陈井影　著

中国原子能出版社

图书在版编目（CIP）数据

铀尾矿库周边土壤中铀的赋存特征及迁移转化机制 /
陈井影著. — 北京：中国原子能出版社，2020.12
ISBN 978-7-5221-1117-9

Ⅰ.①铀… Ⅱ.①陈… Ⅲ.①铀－放射性污染－污染
土壤－研究 Ⅳ.①X53

中国版本图书馆 CIP 数据核字（2020）第 233329 号

内容简介

本书是一部关于土壤中铀的污染特征及迁移转化机制的研究专著。主要内容包括：放射性核素污染土壤中铀的赋存特征、动态转化规律、吸附特性，土壤污染过程中铀的迁移及其在土壤剖面中的分配特点，阐述了铀在农田土壤中的迁移转化机制。

本书可供矿区土壤污染与修复、矿山生态恢复、放射性核素迁移模拟等相关领域的科研人员、工程技术人员、研究生和高年级本科生参考使用。

铀尾矿库周边土壤中铀的赋存特征及迁移转化机制

出版发行	中国原子能出版社（北京市海淀区阜成路43号　100048）
策划编辑	韩　霞
责任编辑	韩　霞
装帧设计	赵　杰
责任校对	宋　巍
责任印制	赵　明
印　　刷	北京金港印刷有限公司
经　　销	全国新华书店
开　　本	787 mm×1092 mm　1/16
印　　张	7.5　　　　　　　　　**字　　数**　170 千字
版　　次	2020 年 12 月第 1 版　2020 年 12 月第 1 次印刷
书　　号	ISBN 978-7-5221-1117-9　　**定　　价**　**76.00 元**

发行电话：010-68452845　　　　　版权所有　侵权必究

《铀矿山环境修复系列丛书》
主要作者

孙占学　　高柏　　陈井影　　马文洁
曾华　　李亦然　　郭亚丹　　刘媛媛

此套丛书为以下项目资助成果

河北省重点研发计划（18274216D）
核资源与环境国家重点实验室（Z1507）
江西省双一流优势学科"地质资源与地质工程"
江西省国土资源厅（赣国土资函〔2017〕315号）
江西省自然科学基金（20132BAB203031、20171BAB203027）
国家自然科学基金（41162007、41362011、41867021、21407023、21966004、41502235）

核军工是打破核威胁霸权、维持我国核威慑、维护世界核安全的有效保障。铀资源是国防军工不可或缺的战略资源，是我国实现从核大国向核强国地位转变的根本保障。铀矿开采为我国核能和核技术的开发利用提供了铀资源保证，铀矿山开采带来的放射性核素和重金属离子对生态环境造成的风险日益受到政府和社会高度关注，铀矿山生态环境保护和生态修复被列入《核安全与放射性污染防治十三五规划及 2025 年远景目标》。

创办于 1956 年的东华理工大学是中国核工业第一所高等学校，是江西省人民政府与国家国防科技工业局、自然资源部、中国核工业集团公司共建的具有地学和核科学特色的多科性大学。学校始终坚持国家利益至上、民族利益至上的宗旨，牢记服务国防军工的历史使命，形成了核燃料循环系统 9 个特色优势学科群，核地学及涉核相关学科所形成的人才培养和科学研究体系，为我国核大国地位的确立、为国防科技工业发展和地方经济建设作出了重要贡献。

为进一步促进我国铀矿山生态环境保护和生态文明建设，东华理工大学高柏教授团队依托核资源与环境国家重点实验室、放射性地质国家级实验教学示范中心、放射性地质与勘探技术国防重点学科实验室、国际原子能机构参比实验室等高水平科研平台，在"辐射防护与环境保护"国家国防特色学科和"地质资源与地质工程"双一流建设学科支持下，针对新时期我国核工业发展中迫切需要解决退役铀矿山放射性废物治理和生态环境保护等重要课题进行了系列研究。主要成果包括典型放射性污染场地土水系统中放射性污染物的时空分布特征和迁移转化机制，识别影响放射性污染物时空分布的关键因子，建立土水系统中放射性污染物时空分布的量化表达方法；研发放射性污染土壤高效化学淋洗药剂和功能化磁性吸附材料，识别影响化学淋洗和磁清洗修复效果的关键因素，研发铀矿区重度放射性污染土壤化学淋洗技术、磁清洗技术以及清洗浓集液中铀的分离回收利用与处置技术；筛选适用于放射性污染场地土壤修复的铀超富集植物，探索缓释螯合剂/微生物/植物联合修复技术；应用验证放射性污染场地的土—水联合修复技术集成与工程示范，形成可复制推广的技术方案。

这些成果有助于解决铀矿山放射性污染预防和污染修复核心科学问题，奠定铀矿山放射性污染治理和生态保护理论基础，可为我国"十四五"铀矿区核素污染治理计划的顺利实施提供重要的理论基础和技术支撑。

前言

PREFACE

铀资源是国家核能及核军工事业发展的基础。随着我国铀矿采冶活动及铀矿退役的增加，铀矿山及其周边的土壤治理与修复问题逐渐引起了学者们的关注，尤其是放射性废物中的核素可能经风化侵蚀或雨水浸渍、淋洗或地下渗流进入土壤和地下水，对矿区生态环境和人民健康产生潜在的威胁。因此，研究铀矿矿山及其周边土壤中核素污染赋存特征，同时掌握核素的迁移途径、迁移速度、迁移规律等影响及转化机制，对保证铀矿区生态环境、粮食安全无疑十分必要。

本书在总结前人工作的基础上，以铀矿区尾矿库周边土壤中放射性核素铀为研究对象，采用野外调查、室内分析、铀形态分级、批实验及柱实验等综合研究方法，研究放射性核素污染土壤中铀的动态转化规律、吸附特性，土壤污染过程中铀的迁移及其在土壤剖面中的分配特点。主要研究内容包括：（1）研究区土壤放射性核素铀赋存特征分析：通过了解研究区的生态环境，分析研究区土壤性质及土壤放射性核素铀赋存特征，并对铀富集特征及来源进行解析；（2）研究区土壤铀赋存形态特征及外源铀转化机制：土壤铀的赋存形态影响铀在土壤中的迁移性、生物有效性，通过形态分析法厘清土壤中铀的赋存形态特征，并研究淹水条件下外源铀进入土壤后的形态转化过程，以揭示外源铀在土壤中的转化机制；（3）研究区农田土壤对铀的吸附特性及机制：分析研究区农田土壤对铀的吸附特征及影响因素，阐明吸附机理，并为铀在土壤中迁移的模拟提供吸附参数；（4）铀在土壤中的积累特征及迁移机制：通过柱实验和软件模拟含铀污水灌溉条件，对铀随污水进入土体后的迁移转化过程进行分析，并对污水灌溉下铀在土壤中迁移过程进行模拟和预测；（5）土壤中铀的淋溶特性及转化机制：采用室内土柱模拟实验，并结合 Visual Minteq 软件，研究降雨作用下污染土壤中铀的释放特性及转化机制。通过研究，确定了研究区土壤中放射性核素铀的赋存特征，掌握了污水灌溉和降雨条件下铀在农田土壤中的迁移转化机制，为铀污染土壤的修复提供理论依据。

本书得到了国家自然科学基金青年基金"铀矿山土壤根际放射性核素形态及其生物有效性研究"（21407023）和国家自然科学基金地区基金"江西相山铀矿山土壤中放射性核素赋存特征及其形成机理研究"（41362011）的资助，在此表示衷心感谢。

目录
C O N T E N T S

第1章

绪　论

1.1　研究背景与意义

核能是中国能源的重要组成部分，我国目前在运核电机组达到 49 台，装机容量 5105.816 万 kW，另有 14 台在建机组，总装机容量排名世界第三。铀矿的大规模开采，造成了含铀废石的大量产生，目前，世界铀废石的积存量已超过 400 亿 t，尾矿积存量超过 200 亿 t，放射性环境污染威胁不容小觑[1-3]。有关文献统计[4]，国内生产 1 t 铀，最多可产出 5000 t 放射性废石以及 600 t 放射性矿渣，给人类健康及生态环境带来潜在威胁[5-7]。铀矿开采及冶炼过程中伴随着的辐射环境问题因日本福岛核事故再次成为全球关注焦点。

早期中国的铀矿山主要在江西、湖南和广东等地区[8]，这些矿山在为我国提供铀资源保障的同时，也制造了多个大型的放射性固体废物污染源。在已退役的 6 个铀矿山中，废石近 1 千万 t，尾矿近 900 万 t。多个研究表明[9-14]，未经治理的铀尾矿库对周边环境有潜在的放射性威胁。

土壤是放射性核素迁移和转化的重要介质之一，土壤具有"宿""源"二相性，"宿"即矿山土壤长期接受铀矿山生产产生的粉尘、废石、尾矿、废水带来的核素，又作为稳定污染"源"通过植物、农作物将核素转移至生物圈，放射性核素的辐射作用会改变土壤微生态结构，进而使土壤肥效降低，甚至会损害土壤的自净作用，并对根际环境中土壤理化性质、氧化还原电位以及植物根系产生影响，最终危及农业生态系统[15-17]。因此，研究矿区土壤中这些核素赋存特征、形成机制及影响对矿区生态环境、粮食安全十分必要。研究成果既能探求固化土壤中核素途径，从源头控制核素向深部土壤、地下水系统转移，又能为污染土壤的原位生物、植物修复及铀矿山废弃物合理处理处置提供理论依据。

基于此，本研究将对铀矿区土壤铀污染富集特征及铀赋存形态和形成机理进行探讨，对土壤中核素铀的迁移转化机制进行研究，旨在为铀矿山的环境保护与治理奠定基础。

1.2 研究现状与进展

1.2.1 铀矿区土壤铀污染

2016 年《土壤污染防治行动计划》（国发〔2016〕31 号）发布，土壤污染治理问题已成为当前我国环保工作的重点。其中，土壤放射性核素污染及其防治研究是当今环境科学研究中的热点与难点，特别是铀矿冶地域放射性污染土壤的修复是环保工作者亟待解决的重大问题之一[18-21]。

国际社会对于铀矿区的环境问题也一直保持着高度关注。瑞士洛桑联邦理工大学的研究人员在 2013 年 12 月于《Nature Communications》上报道了关于废弃矿山的铀污染问题，发现在法国中部一个湿地土壤中的铀浓度较高，原因为该地曾受过铀矿开采的影响[22]。Gongalsky[23] 等对俄罗斯西伯利亚东南部的一处铀矿区研究发现，邻近矿区的草原土壤中铀的富集率高达 600 倍，在分析这种污染对土壤中大型无脊椎动物的影响时发现，土壤大型无脊椎动物的丰度和生物多样性比对照组低 3 倍，与对照点相比，污染点地面甲虫群落数量减少；在污染地点采集的甲虫中，铀的浓度比对照地点高 2 倍。多个研究表明[24-26]，铀生产造成的污染对土壤生物的重要群体有着严重的负面生物效应。和西方国家不同的是，中国的铀矿冶企业很多在人口稠密区，国内关于铀尾矿周边土壤铀污染的情况已多次报道[27-30]，如研究发现某铀矿开采区和尾矿库区周边土壤的铀含量均超过背景值，且离污染源越近铀含量越高，同时变异系数很大，说明受人类活动的强烈影响。

多个研究已经证明[31-34]，铀污染对于矿区当地的生态环境和人群健康构成了严重威胁。因此，有必要以典型区域为例进行研究，分析铀污染特征及来源，进而为解决矿区放射性污染土壤的修复提出具体的解决方案。

1.2.2 土壤铀赋存形态

铀是相对活泼且具有化学毒性的天然放射性核素，土壤是其重要的赋存介质，其在环境中的富集或污染对人体健康及生态系统构成的潜在危害已有较多报道，如Shomar[35] 等调查了卡塔尔土壤中的铀，由于卡塔尔土壤中有机质浓度较低，土壤的碱性（pH 8）和低的铁/锰含量使土壤中天然的铀浓度较低，说明土壤性质是影响铀赋存的主要因素；Cheng[36] 等人在曾进行过铀武器试验的地点评估了土壤中贫铀对生物群落造成不可接受风险的可能性，发现放射性核素可能会导致暴露在外的生物群的潜在不可接受剂量；Oliver[37] 等人对英国国防部武器试验场土壤中贫铀的迁移率和生物利用度进行了研究，结果表明，在武器试验射击过程中释放到环境中的铀比在试验范围内土壤中自然存在的铀更具活性和生物可利用性。

在对铀矿冶地域进行土壤污染治理与评价的研究时，主要的目标污染物是核素铀。美国能源部于1994年启动了土壤铀污染修复综合示范项目，Elless[38]等人开始铀污染土壤的研究工作；Gavrilescu[39]等人研究放射性核素污染时阐明，铀及其衰变产物对环境的污染是世界范围内的一个严重问题；Carvalho[40]等人研究了巴西巴伊亚的铀矿开采和加工后，铀对矿区内土壤环境的影响情况。目前开展的相关研究中，缺乏对外源铀转入土壤体系后的赋存形态及转化机制研究，特别是关于铀元素在土壤固液界面的行为研究还很欠缺，而这些问题的解决对土壤铀污染的客观评价及开展有效的铀污染土壤的治理和修复工作具有重要意义。

土壤中金属元素的环境行为包括土壤固—液界面和土壤根际环境的化学行为，无论是哪种环境的行为过程，均涉及土壤中金属元素赋存形态的变化[41]。MA[42]等人在对重金属对人类生命和环境的影响研究中指出，金属毒性取决于土壤中的化学形态，因此，分析土壤中金属的化学形态是非常重要的。Karathanasis[43]等人采用连续提取程序测定了26种肯塔基州北部土壤中镉、铬、铜、镍、铅和锌的形态，分析结果表明，残余形态对铜、锌和镍的截留最为重要，镉和铅对铁锰氧化物组分有很强的亲和力，而铬与有机组分的亲和力最强。Quevauviler[44]等人进行了金属元素提取方法的案例研究，分析了"生物可利用"元素的提取形式，指出形态分析对于环境影响研究的重要性。Kabala[45]等人对波兰某铜冶炼厂附近的四个土壤剖面进行了铜、铅、锌的分布、化学组成及其迁移率与土壤性质的关系研究发现，金属的形态分布顺序为：残余态>铁锰氧化物结合态>有机络合态>可交换态，污染高的土壤，残余态低。国内的一些学者的成果也证明[46-50]，重金属的赋存形态决定了它们的迁移特征和生物有效性。

铀是具有放射性的特殊重金属，目前，国内学者对铀矿区土壤放射性核素污染问题已开展了一些研究，如易树平[51]等人的研究中阐述了放射性废物的处置场地核素运移污染的风险问题，对放射性废物的处置及其选址、核素运移试验和核素运移模型进行了分析；帅震清[52]等人研究了在开发利用放射性伴生矿物资源过程中产生的污染问题及防治对策；张彪[53]等人分析了铀尾矿污染特征及综合治理技术。而对于铀在土壤中赋存形态的相关研究较少[54-58]，典型的几个研究如：赵威光等人采用Tessier的五步提取法研究某地沉积物中铀的形态时发现，锰氧化物对放射性核素铀积累的影响大于铁氧化物对铀含量的影响，地下水中铀浓度可能受含水层中可交换态铀的直接影响较大；马强等人以新疆某地浸铀矿为研究对象，对矿芯试样进行铀赋存形态的分析，研究结果表明发现，残渣态铀是砂岩型铀矿石中铀的主要赋存形式，活性铀是易于被浸出的部分。几个研究结果表明，铀的赋存形态是影响其对环境潜在威胁的主要因素。国外的学者也做了少量研究[59-62]，如Sheppard等人通过形态分析研究了土壤中铀的生物有效性，并分析了萝卜和豆类对铀的吸收以及蚯蚓对铀的积累，结果表明，可交换和碳酸盐结合态铀是影响生物可利用的主要赋存形态。可见，土壤中铀的环境影响及生物有效性并不取决于元素总量，而具有活性的铀才是对土壤具有潜在危害影响的铀赋存形态。因此，要想对土壤铀污染进行有效的定量评估，需厘清铀在土壤中的赋存形态。

另外，在 Kashem[63] 等人的研究中发现，淹水条件下对降低水稻土中镉、镍、锌的生物有效性具有重要作用，其原因为随淹水时间的延长，可溶和可交换的镉、镍和锌浓度显著降低，镉和锌主要在氧化物部分增加，但有机部分也有少量增加，结果表明，在污染土壤中，淹水一方面显著降低了镉、镍和锌的溶解性，另一方面又增加了铁和锰的溶解性，导致不同溶解性金属在土壤中的重新分布。重金属元素进入土壤介质后的重新分配过程研究已有不少报道[64-70]，如 Tang 等人研究了镉进入土壤后的老化过程，采用连续提取法，对土壤中镉的生物可获取部分进行了分析，发现镉在强酸性（pH 4.5）土壤中的生物可利用性在老化的第一周急剧下降后达到了几乎稳定的水平；Charlatchka 等人在对重金属污染土壤机理的研究中，将筛选后的样品置于水悬浮液中，在控制 pH（pH 6.2）下培养，施加还原条件后，测定了土壤中金属镉、铅、锌等的形态，结果表明，淹水条件下酸碱度的变化对微量金属的溶解性有决定性的影响。

但对于淹水条件下放射性核素铀在土壤中的转化过程的研究却未见报道。本研究区域的主要粮食作物是水稻，因此，研究淹水条件下稻田土壤中铀形态的转化过程，借助形态分析方法来阐明铀在土壤环境中的迁移和转化规律，以揭示铀在土壤中的行为特性，对铀的环境效应分析及其污染土壤的修复治理具有重要意义。

1.2.3 根际土壤铀

根际微域通常是指离根轴表面数毫米之内的范围，其具有与土体不一样的生化和物理性质[71]。Ryan[72] 等人的研究中有这样的阐述：根际是植物根系周围被根系活动所改变的土壤区域，在这个关键区域，植物感知并对环境做出反应，由于根系与土壤之间交换大量的有机和无机物质，不可避免地导致根际的生化和物理性质发生变化，植物也会根据某些环境信号和压力改变其根际。Ryan[73] 的研究发现植物根系在植物对营养物质的吸收中起着重要作用，根系中柠檬酸盐、苹果酸盐和草酸盐等简单羧基阴离子的释放与金属耐受机制和提高土壤磷的获取有关。Jones[74] 分析证明了根系渗出物与土壤中许多营养物质的获取或金属的外部解毒有关。Terzano[75] 等人描述了根际是一个复杂而动态的环境，有多种不同的有机和无机化合物共存，由于浓度和化学特性的不同，可能存在竞争和协同作用，然而，根际受根系活动的强烈影响：水分和营养吸收、根系呼吸可能改变根际的酸碱度和氧化还原状态。

目前，国内外在根际土壤重金属尤其是根际土壤重金属赋存形态及生物修复方面已有较多研究，如韩永和[76] 探究了蜈蚣草根际土壤系统中砷的形态转化以及植物的吸收作用效果，结果表明，根际生物能促进蜈蚣草对砷的富集吸收；江福英[77] 研究了湿地植物对重金属和磷去除的根际作用机理，结果显示，植物根系对金属元素产生了活化效应，对重金属的吸收和去除起到了促进作用；刘文菊[78] 等人研究了植物根系分泌物对根际难溶性重金属镉的活化作用，发现其对水稻吸收转运镉有很好的促进作用；魏树和[79]等在研究根际圈在污染土壤修复中的作用与机理时得出结论：根际圈内细菌对重金属的吸附与固定，根际圈对污染土壤的修复作用是植物修复的重要组成部分；Luan[80]等的研究发现，根际土壤中的柴油去除程度显著高于非根际土壤，植物根际效应是影响微生物生长结构的主导因子；Qian[81]等研究了十余种湿地植物对十种痕量元素的富集作用，发现根际的作用效果明显；Cador[82]等人发现了葡萄牙一个沼泽地植物根际对 Zn、Pb、Cu、Cr 和 Ni 的富集作用；Delorme[83]在湿地环境中的植物根系促进污染物固定化的研究显示，在根际区对金属有明显的溶解作用，通过光谱学确定了根际的独特矿物学特性。

而关于根际土壤放射性核素的行为，以及根际环境对放射性核素迁移的影响研究还处于起步阶段，仅有少量的研究，如 Sabine[84]等研究了环境过程影响植物根系对放射性微量元素的吸收传递的可变性；Albrecht[85]等通过模型分析了土壤剖面中的物理化学特征和根系分布的关系，将放射性核素和根系分布作为深度的函数，利用优先流和生根相结合，可以模拟根对金属元素的吸收过程；Kaplan[86]等研究了植物对锶的富集能力及根际促生菌的协同作用，发现根际土壤环境对植物富集锶具有重要影响。

因此，研究根际土壤放射性核素铀的分布、赋存形态及其变化，对了解土壤中铀元素的生物累积效应有重要意义。探究铀在根际微域的赋存形态特征，研究放射性核素铀的根际行为，还能为探求固化土壤中核素铀的途径，污染土壤的原位生物修复提供理论依据，进而对促进我国铀矿冶放射性废物治理、建设环境友好绿色矿山具有重要意义。

1.2.4　土壤铀生物有效性

重金属的生物有效性是指偏活性的元素赋存形态被生物吸收或积累的效应。窦磊[87]等研究中列举了生物有效性的测定方法，目前还未形成统一的标准方法，但较直接有效的方法是化学形态顺序提取法。Lanno[88]等人在化学品对蚯蚓的生物利用度分析中也主要用浸提法。

国内外已开展了大量研究。夏增禄[89]和丁中元[90]等的研究表明，土壤中重金属的赋存状态对植物吸收有重要影响。林跃胜[91]和单孝全[92]等对重金属的生物有效性的研究中，用生物体的浓度数据进行评价，结果表明，在一定的条件下，土壤重金属总量可以评估重金属的生物有效性；Davies[93]对铅污染的园地进行研究，发现用可交换态的锌较好地模拟了锌的吸收；高怀友[94]以全国重点区域土壤质量数据库作为数据源，对土壤中 Cd 的有效态与全量进行了相关分析，研究表明，土壤中的 Cd 有效态含量与全量之间均存在显著的相关性；Li[95]等的研究中利用经验模型方法，评价和预测了土壤-植物系统中重金属的生物有效性；Petruzzelli[96]采用生物测定技术研究了粉煤灰改良土壤中小麦幼苗对重金属的吸收，取得了较好的效果。叶宏萌等[97]对武夷山茶园土壤中汞、镉、铅、铬和砷的总量和形态分布进行分析及风险评价，比较重金属生物有效性，发现重金属的形态受土壤理化性质的影响。

目前针对重金属元素 Cu、Pb、Zn 等的生物有效性研究较多，而土壤中铀的生物有效性研究还很少，典型的几个研究如：Martínez-Aguirre[98] 等的研究表明，沉积物中的大部分 U 都属于非残留态组分，与非晶态氧化锰铁共沉淀是 U 从水柱进入土壤颗粒的主要过程。宋照亮[99] 等人以中国西南地区乌江流域的钙质土为例，研究了石灰土中铀的形态与铀活性，研究结果表明，石灰性土壤中的铀元素主要与硅酸盐矿物等残余相结合，其次与有机质结合。梁连东[100] 等人利用逐级化学提取法对矿渣进行了铀赋存形态进行研究，定量评价了铀的潜在环境活性。

以上分析表明，开展土壤中铀的生物有效性分析研究，不仅可为土壤铀污染的潜在危害分析提供数据，更将为土壤生物修复技术的实施提供研究基础。

1.2.5　土壤中铀的吸附特性

放射性核素在土壤介质中的吸附特性是影响其在土壤中迁移转化的重要环境行为，目前，国外对放射性核素吸附相关的基础理论研究已开展了大量工作，Oshita[101] 等人利用合成的交联壳聚糖，系统地研究了交联壳聚糖对放射性核素的吸附行为，分析得出 pH 是影响吸附的重要因素；Cheng[102] 等人的研究发现，在自然环境和污染环境中，磷酸盐与铀的相互作用对控制铀的地下迁移率很重要，结果表明，磷酸盐对铀的吸附有很强的影响，磷酸盐对铀吸附的影响取决于溶液的 pH，在低 pH 时，铀在磷酸盐存在下的吸附量增加，较高的磷酸盐浓度促进铀的吸附量增加；Yusan 等[103] 研究了廉价、高效、低风险吸附剂在水溶液中去除铀（Ⅵ）的应用，研究结果表明，化学吸附在控制吸附速率中起着重要作用。Liu 等[104] 研究了铀尾矿中铀的释放行为，结果表明，降低含水量、降低尾矿库的孔隙率、控制尾矿的酸碱度是铀矿山附近地区环境污染防治的关键因素；Li 等[105] 研究了包气带土壤中铀的吸附与解吸，结果表明，铀在天然土壤中的吸附是一个复杂的过程，主要受接触时间、酸碱度、液固比、温度、胶体、矿物和共存离子等的影响，结果表明，在初始浓度为 10 mg·L^{-1} 的硝酸铀溶液和 100 mg 的天然土壤中，当 pH 为 7.0 左右时，天然土壤对铀（Ⅵ）的吸附是有效的。在 24 h 内得到了土壤中铀（Ⅵ）的吸附平衡，该过程可用朗缪尔吸附方程描述。

目前，国内关于土壤对放射性核素的吸附行为研究报道较多，较具代表性的有：宋金如[106] 等研究了凹凸棒石黏土吸附铀的性能，用动态法处理了含铀废水，取得了较好的效果，铀的去除率达 99% 以上，最后的排放液中铀的残余浓度符合国家规定的排放标准（0.05 mg·L^{-1}）；李杰[107] 等研究了某地土壤对水溶液中核素 U 的吸附，实验采用静态法和动态法，实验结果表明：动态淋滤吸附实验过程添加 Ca（OH）$_2$ 作为吸附介质，有利于铀的吸附；闵茂中[108] 等研究了中国甘肃北山花岗岩中填隙黏土对铀的吸附性状，结果表明，在近中性条件下 U（Ⅵ）的吸附率最高，在当时的实验条件下，未发现该类黏土对放射性核素^{234}U（Ⅵ），^{238}U（Ⅵ）的选择性吸附现象；赖捷[109] 等以我国西南某低放废物处置库中的土壤作为对象，通过铀在土壤中的吸附迁移实验发现，粒径越小分配系数越大，温度对吸附几乎没有影响，吸附比随 pH 增大而增大；刘艳等[110]研究了膨润土对铀的吸附性能，通过分析膨润土的加入量、初始铀浓度、吸附时间、pH 等影响因素，研究发现，膨润土对铀的吸附量随铀初始浓度的升高而显著增大，吸附比和吸附率却随初始铀浓度的升高而呈逐渐降低的趋势；随着膨润土加入量的增加，吸附率显著升高；在近中性条件下，膨润土对铀的吸附效果最好；夏良树[111]等选择某铀矿山附近的土壤为研究对象，研究了红壤胶体对铀的吸附性能和机理，通过分析 pH、吸附时间、离子强度等影响因素，结果表明：胶体粒径越小，离子强度越小，红壤胶体对铀的吸附量越大，实验条件下铀的吸附过程符合 Langmuir 吸附等温模型和准二级吸附动力学模型方程；熊正为等[112]在研究蒙脱石对铀的吸附实验中发现，pH 为 5.0～6.0 的实验条件下，蒙脱石对铀的吸附率达最大，且主要是表面吸附作用；黄君仪等[113]研究了铀在某低放废物处置场周边土壤中的吸附行为和机理，实验以表层土壤为研究对象，研究结果表明，铀在研究土壤上的吸附以内层络合反应为主，吸附动力学及平衡能很好地拟合准二级动力学方程及 Langmuir 吸附等温模型。

通过前述研究发现，土壤对铀的吸附是影响铀在土壤中迁移行为及生物有效性的重要因素。但目前针对农田土壤对铀吸附的研究还很不足，特别是对铀吸附过程中铀的赋存形态的变化还未见研究。当前，我国大部分铀矿区的农田土壤铀污染现状不容乐观，被污染的农田土壤中的铀不仅可能通过生物富集作用而进入食物链，更可能直接通过降雨和污水灌溉的淋溶作用进入地表水和地下水，直接威胁着人类健康。因此，为了更加有效地对铀污染土壤进行修复，需首先明确土壤吸附铀的作用行为，探明土壤吸附铀的机理，研究结果可为推测核素铀在土壤环境中的迁移转化行为提供基础。

1.2.6　土壤中铀的迁移

铀矿山的开采过程中，由于赋存条件的改变，核素会通过系列的物理、化学过程从放射源释放到环境中，污染土壤、水体、生态系统，给居民生活带来安全隐患[114-120]，如 Neves 等[114]在 1995 年至 2004 年，对废弃的库尼亚-拜沙铀矿（葡萄牙中部）区域的地下水质量及其环境影响的评估中发现，食物链中铝、锰、U 等有毒金属的生物累积可能对库尼亚白沙村居民造成严重的健康危害；Landa 等[118]美国地质调查局（USGS）成员对铀厂尾矿（UMT）进行了研究，选择性萃取研究和放射性核素吸附和浸出研究表明，碱土硫酸盐和含水氧化铁是 UMT 中镭-226（^{226}Ra）的重要宿主。国外的一些研究[121-123]已证明，在受放射性核素污染的土壤上生长的农作物中，富集了较高浓度的放射性核素，如 Krouglov 等[121]研究了切尔诺贝利核事故中两种受核燃料碎片污染的土壤中铯和锶向 4 种粮食作物的迁移水平及其随时间的变化，并于 1987—1994 年在切尔诺贝利核电站周围的重污染区进行了实地试验，发现作物积累^{90}Sr 的速率与^{137}Cs 相当；Sabbarese 等[122]为了研究放射性核素从受污染的土壤转移到莴苣作物上，并检查普遍接受的持续摄入假设的有效性，在意大利卡塞塔的核电站进行了一项实验，在 48 d 的生长期内，通过采集植物定期测量 ^{137}Cs、^{60}Co 和 ^{40}K 的比活性，根据植物质量和生长时间分析比活性，以获得放射性核素吸附对植物生长阶段依赖性的信息，结果表明，莴苣植株的相对生长速率在运输过程中起着重要作用，^{60}Co、^{137}Cs 和 ^{40}K 时的最大运输速率分别为 12 d、12 d 和 28 d。

目前，对水环境中放射性污染研究比较透彻，缺乏放射性核素在土壤中的积累和迁移影响方面的研究[124]。土壤放射性污染与环境中其他污染形式不同，不易察觉且易产生生物积累，进而对生态系统的影响会更持久[125]。另外，土壤作为生物圈的重要组成部分，其中的放射性核素的迁移会影响到其他圈层中核素的含量与分布[126]。因此，研究土壤中放射性核素的来源及其迁移规律对解决放射性污染问题具有重要意义。

国外在核素迁移的研究上至今已有 50 多年的历史。日本、约旦、土耳其、葡萄牙、哈萨克斯坦、巴西等国先后开展了相关研究工作。其主要成果为城市/工业区/乡村土壤/水体天然核素水平调查[127-130]、分析铀矿山开采以及对退役铀矿区地表浅水/灌溉用水/居民生活用水等环境中的 ^{238}U、^{232}Th、^{226}Ra、^{40}K 等核素组分描绘，评价核素和毒性元素对环境、居民的健康影响和铀矿山中氡浓度、γ 射线剂量及其放射性生态影响[131-134]，评价、预测土壤中核素分布、相关性、活度水平对人体及环境影响[135-138]，定量计算核素在半天然生态系统中迁移、植物从铀矿山水环境生物累计效应[139-141]。瑞典、巴基斯坦、波兰等国以切尔若贝利核事故的核素在土壤中为例，讨论人工和天然放射性水平与土壤矿物成分关系及其垂向迁移特征[142]。美国研究了在橡树岭核武器处理场地放射性污染土壤的物理化学、矿物学特征，并探讨了几种浸出剂原地浸出修复技术效果[143]。Edward R. Landa 等人利用天然实验室研究了核素迁移的微生物和成岩作用[144]。Rosen[145]等发现沸石的施用导致干草和大麦 ^{137}Cs 转移量减少 4～5 倍。Patitapaban[146]等在实验室中测定了影响氡释放的尾矿的 ^{226}Ra 的活性浓度、容重、含水率、氡释放因子等重要参数，研究表明，尾矿氡释放率在 0.12～7.03 Bq·m^{-2}·s^{-1} 范围内变化，在 0.09 饱和含水率下，尾砂中氡的释放速率增大，之后由于氡在饱和尾砂中的扩散系数较低，随着饱和度的增加，释放速率逐渐减小。Thorring[147]研究了降水化学成分对天然土壤中放射性铯迁移率的影响，研究了三种类型的降水机制：酸性降水（该国最南端）；富含海洋阳离子的降水（高度海洋性沿海地区）；以及低浓度海盐（轻微大陆性内陆地区），结果表明，酸性降水增加了试验期间添加的 ^{134}Cs 的迁移率。然而，切尔诺贝利沉降物 ^{137}Cs 的深度分布不受降水化学成分的影响。

我国从 20 世纪 80 年代也开始了土壤天然放射性核素的研究，1983—1990 年开展 50 km×50 km 和 25 km×25 km 网格土壤 ^{238}U、^{232}Th、^{226}Ra、^{40}K 含量调查，初步查明了我国土壤中相关核素平均值和分布特征[148-149]，探讨核素从土壤向生物体转移机制及对生态影响[150-153]。针对核废处置场候选场址，柱试验研究了 ^3H/^{90}Sr 等核素迁移[154]、Cs/Sr/U/Co 等核素迁移机理[155-158]，提出了铀尾矿废石堆放场地的辐射防护要求[159]、探讨了安全防护距离[160]。目前，土壤中核素迁移的研究成果也较丰富[161-178]，典型的如：黄乃明等人研究了我国南方某放射性废物填埋场的放射性核素在土壤中的迁移行为，发现填埋场地的坑壁和坑底对防止放射性核素废液的渗透具有重要作用，放射性核素 ^{226}Ra 和 ^{232}Th 在土壤中的迁移特点几乎相同；赵希岳等人采用土柱模拟法研究了 ^{60}Co 在土壤中的淋溶和垂直迁移，结果表明，在实验条件下，淋溶结束后收集到的淋溶液中 ^{60}Co 的含量较少，滞留于土壤中的 ^{60}Co 主要分布在表层上壤（0～1.0 cm）范围内；朱君等人通过室内柱实验研究了不同喷淋强度下 ^{90}Sr 在砂土介质中的迁移；白庆中等在对 Cs、Sr 在土壤中的迁移规律研究时发现，动态试验与静态试验的变化规律一致；杨勇等通过小型和大型土柱两种形式，研究了 ^{90}Sr、^{137}Cs 在包气带土壤中的迁移行为，并对实验结果进行了数学模拟，得出模拟结果中 ^{90}Sr、^{137}Cs 迁移的峰位置基本和大型柱试验相同；李娟等人进行了土壤中铀的迁移行为室内模拟实验，发现酸雨作用下，促进铀在土壤迁移的速度，而在酸雨和腐殖质双重作用条件下迁移行为会得到抑制。

纵观国内外土壤放射性迁移研究显示，过去的研究中多为与核试验、核爆炸、核废物处置相关的 ^{90}Sr、^{137}Cs、^{60}Co 等人工放射性核素，而对天然放射性核素 U 的研究相对较少，有限的研究也多限制在实验室高浓度条件下进行，缺乏农田土壤中较低含量范围内铀迁移行为的深入研究，铀在农田土壤中的环境行为特征研究还处于起步阶段，水动力作用下铀在土壤中的迁移转化过程、土壤理化性质如何影响铀迁移转化行为、进而对修复污染土壤效果影响亟待加强研究。

1.3 土壤中铀的迁移转化机制研究的不足之处

土壤放射性污染是当今难以治理的环境污染问题。放射性核素铀是铀矿冶地域土壤环境质量评价和土壤污染修复研究中的主要目标元素。作为放射性重金属，铀具有化学和放射双重风险。随着我国越来越多的铀矿退役，铀污染场地的土壤治理与修复问题已初露端倪。为了更好地解决土壤铀污染问题，需要明确土壤中铀的污染特征和迁移转化机制。近半个世纪以来，许多国内外研究者都对土壤中铀的赋存形态和迁移转化机制进行了相关的研究，但是研究的范围和深度还存在一些局限。

（1）土壤中铀的赋存形态特征及形态转化机制研究：目前开展的相关工作对铀形态的研究还不够深入，外源铀进入土壤后的重新分配过程机制还不清楚；另外，进入土壤中铀的形态转化及其动力学受土壤水分条件的影响很大，但关于不同土壤水分条件下铀形态在土壤中转化过程的研究还未有报道，对研究区稻田来说，淹水条件是最常见的水分管理形式，因此，有必要对淹水的水分管理方式下铀的形态转化机制进行探究，进而为有效开展铀污染土壤的修复提供重要依据。

（2）土壤中铀的吸附特性研究：农田土壤的酸碱性质、氧化还原状况等均对进入土壤中的铀的分布、富集及迁移转化有着重要影响，吸附过程中铀赋存形态的变化特征还不清楚，因此有必要对农田土壤的铀吸附特性开展研究。

（3）土壤中铀的迁移特性研究：含铀污水灌溉下，放射性核素铀在农田土壤的累积和迁移特征的研究还不多见,特别是低浓度含铀废水浇灌下,铀在土壤中的迁移和积累是否会对地下水有潜在的污染风险,还需相关研究。

(4)土壤中铀的释放机理研究:在铀矿山区域,降雨条件下,有轻度放射性污染的农田土壤中铀向环境的释放问题不容小觑,需开展深入研究。

本书通过对放射性核素铀在土壤中的分布积累特征、迁移转化机制进行相关基础性和系统性的研究,在理论上,将有助于深化放射性核素在土壤中的迁移转化机理;在实践上,能够为放射性核素轻度污染农田土壤的修复及安全持续利用提供基础。

参考文献:

[1] 王志章. 铀尾矿库的退役环境治理 [J]. 铀矿冶,2003,22(2):95-99.

[2] Nair R N,Sunny F,Manikandan S T. Modelling of decay chain transport in groundwater from uranium tailings ponds [J]. Applied Mathematical Modelling,2010,34(9):2300-2311.

[3] Yan X,Luo X. Radionuclides distribution,properties,and microbial diversity of soils in uranium mill tailings from southeastern China [J]. Journal of Environmental Radioactivity,2015,139:85-90.

[4] 潘英杰. 浅论我国铀矿工业的环境保护技术及展望 [J]. 铀矿冶,2002,21(1):43-46.

[5] Stajic J M,Milenkovic B,Pucarevic M,et al. Exposure of school children to polycyclic aromatic hydrocarbons,heavy metals and radionuclides in the urban soil of Kragujevac city,central Serbia [J]. Chemosphere. 2016,146:68-74.

[6] 张展适,李满根,杨亚新. 赣、粤、湘地区部分硬岩型铀矿山辐射环境污染及治理现状 [J]. 铀矿冶,2007,26(4):191-196.

[7] 黄建兵. 某铀矿山废石场及尾矿库氡污染调查 [J]. 环境监测管理与技术,2001,13(2):27-30.

[8] 张金带,李友良,简晓飞. 我国铀资源勘查状况及发展前景 [J]. 中国工程科学,2008,10(1):54-60.

[9] 吴桂惠,周星火. 铀矿冶尾矿、废石堆放场地的辐射防护 [J]. 辐射防护通讯,2001,21(6):33-36.

[10] Carvalho I G,Cidu R,Fanfani L,et al. Environmental impact of uranium mining and ore processing in the Lagoa Real District,Bahia,Brazil [J]. Environmental Science and Technology,2005,39:8646-8652.

[11] Gavrilescu M,Pavel L V,Cretescu I. Characterization and remediation of soils contaminated with uranium [J]. Journal of Hazardous Materials,2009,163:475-510.

[12] Campbell K M, Gallegos T J, Landa E R. Biogeochemical aspects of uranium mineralization, mining, milling, and remediation [J]. Applied Geochemistry, 2015, 57: 206-235.

[13] Robertson J, Hendry M J, Essilfie-Dughan J, et al. Precipitation of aluminum and magnesium secondary minerals from uranium mill raffinate (pH 1.0−10.5) and their controls on aqueous contaminants [J]. Applied Geochemistry, 2016, 64: 30-42.

[14] 向龙, 刘平辉, 张淑梅. 华东某铀矿区地表水中放射性核素铀含量特征分析 [J]. 地球与环境, 2016, 44 (4): 455-461.

[15] 邹鲤岭, 程先锋, 周志红, 等. 我国矿区土壤污染对农作物污染的研究现状 [J]. 北京农业, 2015, 21: 167-169.

[16] 赵鲁雪, 罗学刚, 唐永金, 等. 铀污染环境下植物的光合生理变化及对铀的吸收转移 [J]. 安全与环境学报, 2014, 14 (2): 299-304.

[17] 杨俊诚, 朱永懿, 陈景坚, 等. [137]Cs不同污染水平在大亚湾、秦山、北京土壤-植物系统的转移 [J]. 核农学报, 2002, 16 (2): 93-97.

[18] 敏玉. 世界铀矿开采现状及发展前景 [J]. 国土资源情报, 2009 (5): 27-31.

[19] Florea N, Duliu O G. Rehabilitation of the Barzava uranium mine tailings [J]. Journal of Hazardous, Toxic and Radioactive Waste, 2013, 17 (3): 230-236.

[20] 方达. 防范放射性污染是一项重要的任务 [J]. 国际技术经济研究, 2005, 9 (1): 28-32.

[21] Wagner F, Jung H, Himmelsbach T, et al. Impact of uranium mill tailings on water resources in Mailuu Suu, Kyrgyzstan [J]. Uranium Mining and Hydrogeology Ⅶ, 2014, 487-496.

[22] Wang Y, Frutschi M, Suvorova E, et al. Mobile uranium (Ⅳ) -bearing colloids in a mining-impacted wetland [J]. Nature Communications, 2013, 4 (1): 2942-2947.

[23] Gongalsky K B. Impact of pollution caused by uranium production on soil macrofauna [J]. Environmental Monitoring and Assessment, 2013, 89 (2): 197-219.

[24] Keum D K, Lee H, Kang H S, et al. Predicting the transfer of ^{137}Cs to rice plants by a dynamic compartment model with a consideration of the soil properties [J]. Journal of environmental radioactivity, 2007, 92 (1): 1-15.

[25] Andrea D C, Rosara F P, Charles M. distribution of uranium, plutonium, and [241]Am in soil samples from Idaho National Laboratory [J]. Journal of Radioanalytical and Nuclear Chemistry, 2009, 282 (3): 1013-1017.

[26] Sasmaz A, Sasmaz M. The phytoremediation potential for strontium of indigenous plants growing in a mining area [J]. Environmental and Experimental Botany, 2009 (1): 139-144.

[27] 刘平辉，叶长盛，谢淑容，等. 江西相山铀矿区与非铀矿区稻谷中天然放射性核素含量对比研究 [J]. 光谱学与光谱分析，2009，29（7）：1972-1975.

[28] 姚高扬，华恩祥，高柏，等. 南方某铀尾矿区周边农田土壤中放射性核素的分布特征 [J]. 生态与农村环境学报，2015，31（6）：963-966.

[29] 刘平辉，魏长帅，张淑梅. 华东某铀矿区水稻土放射性核素铀污染评价 [J]. 土壤通报，2014（6）：1517-1521.

[30] 杨巍，杨亚新，曹龙生. 某铀尾矿库中放射性核素对环境的影响 [J]. 华东理工大学学报（自然科学版），2011，34（2）：155-159.

[31] Oyedele J A, Shimboyo S, Sitoka S, et al. Assessment of natural radioactivity in the soils of Rössing Uranium Mine and its satellite town in western Namibia, southern Africa [J]. Nuclear Inst and Methods in Physics Research A, 2010, 619 (1): 467-469.

[32] Santosfrancés F, Gil E P, Martínezgraña A, et al. Concentration of uranium in the soils of the west of Spain [J]. Environmental Pollution, 2018, 236: 1-11.

[33] Mumtaz S, Streten C, Parry D L, et al. Soil uranium concentration at ranger uranium mine land application areas drives changes in the bacterial community [J]. Journal of Environmental Radioactivity, 2018, 189: 14-23.

[34] Smodiš M, Štrok B, Jaćimović M. Plant accumulation of natural radionuclides as affected by substrate contaminated with uranium-mill tailings [J]. Water, Air and Soil Pollution, 2018, 229 (11): 1-21.

[35] Shomar B, Amr M, Al-Saad K, et al. Natural and depleted uranium in the topsoil of Qatar: Is it something to worry about [J]. Applied Geochemistry, 2013, 37: 203-211.

[36] Cheng J J, Hlohowskyj I, Tsao C L. Ecological risk assessment of radiological exposure to depleted uranium in soils at a weapons testing facility [J]. Soil and Sediment Contamination: An International Journal, 2004, 13 (6): 579-595.

[37] Oliver I W, Graham M C, Mackenzie A B, et al. Depleted uranium mobility across a weapons testing site: isotopic investigation of porewater, earthworms, and soils [J]. Environmental Science and Technology, 2008, 42 (24): 9158-9164.

[38] Elless M P, Lee S Y. Physicochemical and mineralogical characterization of transuranic contaminated soils for uranium soil integrated demonstration [J]. Office of Scientific and Technical Information Technical Reports, 1994.

[39] Gavrilescu M, Pavel L V, Cretescu I. Characterization and remediation of soils contaminated with uranium [J]. Journal of Hazardous Materials, 2009, 163 (2-3): 475-510.

[40] Carvalho I G, Cidu R, Fanfani L, et al. Environmental impact of uranium mining and ore processing in the Lagoa Real District, Bahia, Brazil [J]. Environmental

Science and Technology，2005，39（22）：8646-8652.

[41] 陈怀满. 土壤-植物系统中的重金属污染［M］. 科学出版社，1996.

[42] Ma L Q，Rao G N，et al. Chemical fractionation of cadmium，copper，nickel，and zinc in contaminated soils［J］. Journal of Environmental Quality，1997，26（1）：259-264.

[43] Karathanasis A D，Pils J R V. Solid-phase chemical fractionation of selected trace metals in some Northern Kentucky soils［J］. Journal of Soil Contamination，2005，14（4）：293-308.

[44] Quevauviler P. Operationally defined extraction procedures for soil and sediment analysis I. Standardization［J］. TrAC Trends in Analytical Chemistry，1998，17（5）：289-298.

[45] Kabala C，Singh B R. Fractionation and mobility of copper，lead，and zinc in soil profiles in the vicinity of a copper smelter［J］. Journal of Environmental Quality，2001，30（2）：485-492.

[46] Kashem M A，Singh B R. Metal availability in contaminated soils：I. effects of flooding and organic matter on changes in Eh，pH and solubility of Cd，Ni and Zn［J］. Nutrient Cycling in Agroecosystems，2001，61（3）：247-255.

[47] 胡新付. 狮子山铜矿各矿床伴生金银含量、赋存状态及分布规律的探讨［J］. 有色金属（选矿部分），2004（5）：4-6.

[48] 黄国勇，胡红青，刘永红，等. 根际与非根际土壤铜化学行为的研究进展［J］. 中国农业科技导报，2014，16（2）：92-99.

[49] 刘俊华，王文华，彭安. 土壤性质对土壤中汞赋存形态的影响［J］. 环境化学，2000，19（5）：474-478.

[50] 张玮萍，许超，夏北成. 尾矿区污染土壤中重金属的形态分布及其生物有效性［J］. 湖南农业科学，2010（1）：54-56.

[51] 易树平，马海毅，郑春苗. 放射性废物处置研究进展［J］. 地球学报，2011，32（5）：592-600.

[52] 帅震清，温维辉，赵亚民. 伴生放射性矿物资源开发利用中放射性污染现状与对策研究［J］. 辐射防护通讯，2001，21（2）：3-7.

[53] 张彬，冯志刚，马强，等. 广东某铀废石堆周边土壤中铀污染特征及其环境有效性［J］. 生态环境学报，2015（1）：156-162.

[54] 赵威光，郭华明，张莉. 河套平原沉积物中铀的赋存形态及其与地下水铀浓度的关系［J］. 水文地质工程地质，2015，42（2）：24-30.

[55] 马强，冯志刚，孙静. 新疆某地浸砂岩型铀矿中铀赋存形态的研究［J］. 岩矿测试，2012，31（3）：501-506.

[56] 郑剑，贾志坤，王晓宁，等. 分步提取法在分析铀赋存形态中的应用［J］. 内蒙古石

油化工，2015（15）：1-2.

[57] 秦艳，张文正，彭平安. 鄂尔多斯盆地延长组长 7 段富铀烃源岩的铀赋存状态与富集机理 [J]. 岩石学报，2009，25（10）：2469-2476.

[58] 杨晓勇，凌明星，赖小东. 鄂尔多斯盆地东胜-黄龙地区砂岩型铀矿铀矿物赋存状态研究 [J]. 地质学报，2009，83（8）：1167-1177.

[59] Yang X Y，Ling M X，Sun W，et al. Study on the ore-forming condition and occurrence of uranium minerals in sandstone-type uranium deposits from Ordos basin，Northwest China [J]. Geochimica et Cosmochimica Acta，2006，70（18）：A720.

[60] Sheppard S C，Evenden W G. Bioavailability indices for uranium：effect of concentration in eleven soils [J]. Archives of Environmental Contamination and Toxicology，1992，23：117-124.

[61] Morton L S，Evans C V，Harbottle G，et al. Pedogenic fractionation and bioavailability of Uranium and Thorium in naturally radioactive spodosols [J]. Soil Science Society of America Journal，2001，65（4）：1197-1235.

[62] Gueniot B，Munier-Lamy C，Berthelin J. Geochemical behavior of uranium in soils，part I. Influence of pedogenetic processes on the distribution of uranium in aerated soils [J]. Journal of Geochemical Exploration，1988，31（1）：21-37.

[63] Kashem M A，Singh B R. Transformations in solid phase species of metals as affected by flooding and organic matter [J]. Communications in Soil Science and Plant Analysis，2004，35（9-10）：1435-1456.

[64] Hao X Z，Zhou D M，Chen H M，et al. Fractionation of heavy metals in soils as affected by soil types and metal load quantity [J]. Pedosphere，2002，12（4）：309-319.

[65] Han F X，Banin A，Kingery W L，et al. New approach to studies of heavy metal redistribution in soil [J]. Advances in Environmental Research，2004，8（1）：113-120.

[66] Lu A，Zhang S，Shan X Q. Time effect on the fractionation of heavy metals in soils [J]. Geoderma，2005，125（3）：225-234.

[67] Tang X Y，Zhu Y G，Cui Y S，et al. The effect of ageing on the bioaccessibility and fractionation of cadmium in some typical soils of China [J]. Environment International，2006，32（5）：682-689.

[68] Kabra K，Chaudhary R，Sawhney R L. Effect of pH on solar photocatalytic reduction and deposition of Cu（Ⅱ），Ni（Ⅱ），Pb（Ⅱ）and Zn（Ⅱ）：speciation modeling and reaction kinetics [J]. Journal of Hazardous Materials，2007，149（3）：680-685.

源与环境，2009，18（5）：471.

[100] 梁连东，冯志刚，马强，等. 湖南某铀尾矿库中铀的赋存形态及其活性研究 [J]. 环境污染与防治，2014，36（2）：11-14.

[101] Oshita，K，Oshima M，Gao Y H，et al. Adsorption behavior of mercury and precious metals on cross-linked chitosan and the removal of ultratrace amounts of mercury in concentrated hydrochloric acid by a column treatment with cross-linked chitosan [J]. Analytical Sciences. 2002，18（10）：1121-1125.

[102] Cheng，T.，Barnett M. O.，Roden E. E.，et al. Effects of phosphate on uranium（Ⅵ）adsorption to goethite-coated sand [J]. Environmental Science and Technology，2004，38（22）：6059-6065.

[103] Yusan，S，Erenturk S. A. Adsorption equilibrium and kinetics of U（Ⅵ）on beta type of akaganeite [J]. Desalination，2010，263（1）：233-239.

[104] Liu B，Peng T，Sun H，et al. Release behavior of uranium in uranium mill tailings under environmental conditions [J]. Journal of Environmental Radioactivity，2017，171：160-168.

[105] Li X，Wu J，Liao J，et al. Adsorption and desorption of uranium（Ⅵ）in aerated zone soil [J]. Journal of Environmental Radioactivity，2013，115：143-150.

[106] 宋金如，龚治湘，罗明标，等. 凹凸棒石黏土吸附铀的性能研究及应用 [J]. 华东地质学院学报，1998（3）：66-73.

[107] 李杰，施泽明，倪师军，等. 某地土壤对水溶液中核素 U 的吸附实验研究 [J]. 地球科学进展，2012（s1）：362-363.

[108] 闵茂中，罗兴章，王驹，等. 甘肃北山花岗岩中填隙黏土对 U（Ⅵ），^{234}U（Ⅵ）和^{238}U（Ⅵ）的吸附性状：应用于中国高放废物处置库选址 [J]. 中国科学（D辑：地球科学），2004（10）：935-940.

[109] 赖捷，阳刚，冷阳春，等. 铀在西南某废物处置库土壤中的吸附迁移规律 [J]. 西南科技大学学报，2017（3）：1-7.

[110] 刘艳，易发成，王哲. 膨润土对铀的吸附研究 [J]. 非金属矿. 2010，33（1）：52-53.

[111] 夏良树，黄欣，曹存存，等. 红壤胶体对 U（Ⅵ）的吸附性能及机理 [J]. 原子能科学技术. 2013，47（10）：1692-1699.

[112] 熊正为，王清良，郭成林. 蒙脱石吸附铀机理实验研究 [J]. 湖南师范大学自然科学学报. 2007，30（3）：75-79.

[113] 黄君仪，易树平，商建英，等. 铀在放射性废物处置场周边土壤中的吸附行为及机理研究 [J]. 南方能源建设，2018，5（1）：14-21＋13.

[114] Neves O，Matias M J. Assessment of groundwater quality and contamination problems ascribed to an abandoned uranium mine（Cunha Baixa region，Central Portμg al）[J]. Environmental Geology（Berlin），2008，53（8）：1799-1810.

[115] Fernandas H M, Veiga L H S, Franklin M R, et al. Environmental impact assessment of uranium mining and milling facilities: a study case at the Pocos de Caldas uranium mining and milling site, Brazil [J]. Journal of Geochemical Exploration, 1995, 52 (1): 161-173.

[116] Zielinski R A, Chafin D T, Banta E R, et al. Use of [234]U and [238]U isotopes to evaluate contamination of near-surface groundwater with uranium-mill effluent: a case study in south-central Colorado, U. S. A. [J]. Environmental Geology, 1997, 32 (2): 124-136.

[117] Landa E R. Leaching of [226]Ra from components of uranium mill tailings [J]. Hydrometallurgy, 1991, 26 (3): 361-368.

[118] Landa, E R, Gray, J R. US geological survey research on the environmental fate uranium mining and milling wastes [J]. Environ. Geol. Environmental Geology, 1995, 26 (1): 19-31.

[119] Landa E R, Phillips E J P, Lovley D R. Release of [226]Ra from uranium mill tailings by microbial Fe (III) reduction [J]. Applied Geochemistry, 1991, 6 (6): 647-652.

[120] Harris W B, Breslin A J, Glauberman H, et al. Environmental hazards associated with the milling of uranium ore: a summary report [J]. A. M. A. archives of industrial health, 1959, 20: 365-382.

[121] Krouglov S V, Filipas A S, Alexakhin R M, et al. Long-term study on the transfer of ^{137}Cs and ^{90}Sr from Chernobyl-contaminated soils to grain crops [J]. Journal of Environmental Radioactivity, 1997, 34 (3): 267-286.

[122] Sabbarese C, Stellato L, Cotrufo M F, et al. Dependence of radionuclide transfer factor on growth stage for a soil-lettuce plant system [J]. Environmental Modelling and Software, 2002, 17 (6): 545-551.

[123] Keum D K, Lee H, Kang H S, et al. Predicting the transfer of ^{137}Cs to rice plants by a dynamic compartment model with a consideration of the soil properties [J]. Journal of Environmental Radioactivity, 2007, 92 (1): 1-15.

[124] 董武娟, 吴仁海. 土壤放射性污染的来源、积累和迁移 [J]. 云南地理环境研究, 2003, 15 (2): 83-87.

[125] Francis A T, Huang J W. Proceedings of international conference of soil remediation [M]. Zhejiang: Zhejiang Publisher, 2000: 150-157.

[126] 李锐仪. 土壤放射性核素的来源与迁移 [J]. 环境, 2015 (s1): 63-64.

[127] Mohammad A I, Al-Zubaidy N N. Estimation of natural radioactivity in water and soil in some villages of Irbid city [J]. Applied Physics Research, 2012, 4 (3): 39-47.

［128］Umar A M，Oinisi M Y，Jonah S A. Baseline measurement of natural radioactivity in soil，vegetation and water in the industrial district of the Federal Capital Territory (FCT) Abuja，Nigeria ［J］. British Journal of Applied science and technology，2012，2（3）：266-274.

［129］Yalcin P，Taskin H，Kam E，et al. Investigation of radioactivity level in soil and drinking water samples collected from the city of Erzincan，Turkey ［J］. Journal of radioanalytical and nuclear chemistry，2012，292（3）：999-1006.

［130］Yoshida H，Yui M，Shibutani T. Flow-path structure in relation to nuclide migration in sedimentary rocks. An approach with field investigations and experiments for uranium migration at Tono uranium deposit，central Japan ［J］. Journal of Nuclear Science & Technology，1994，31（8）：803-812.

［131］Uralbekov B M，Smodis B，Burkitbayev M. Uranium in natural waters sampled within former uranium mining sites in Kazakhstan and Kyrgyzstan ［J］. Journal of Radioanalytical and Nuclear Chemistry，2011，289（3）：805-810.

［132］Vandenhove H，Sweeck L，Mallants D，et al. Assessment of radiation exposure in the uranium mining and milling area of Mailuu Suu，Kyrgyzstan ［J］. Journal of Environmental Radioactivity，2006，88（2）：118-139.

［133］Campos M B，Azevedo H D，Nascimento M R L，et al. Environmental assessment of water from a uranium mine (Caldas，Minas Gerais State，Brazil) in a decommissioning operation ［J］. Environmental Earth Sciences，2011，62（4）：857-863.

［134］Sérgio M，Antunes S C，Nunes B，et al. Antioxidant response and metal accumulation in tissues of Iberian green frogs (Pelophylax perezi) inhabiting a deactivated uranium mine ［J］. Ecotoxicology，2011，20（6）：1315-1327.

［135］Singh J，Singh H，Singh S，et al. Comparative study of natural radioactivity levels in soil samples from the Upper Siwaliks and Punjab，India using gamma-ray spectrometry ［J］. Journal of Environmental Radioactivity，2009，100（1）：94-98.

［136］Hasan，Khan，Ismail，et al. Radioactivity levels and gamma-ray dose rate in soil samples from kohistan (pakistan) using gamma-ray spectrometry ［J］. 中国物理快报（英文版），2011（1）：226-229.

［137］Murty V R K，Karunakara N. Natural radioactivity in the soil samples of Botswana ［J］. Radiation Measurements，2008，43（9-10）：1541-1545.

［138］Diab H M，Ramadan A B，Osman A H. Assessment of natural radioactivity levels in Yemen rocks ［J］. 环境科学与工程（英文版），2009，3（7）：58-63.

［139］Dragovi S，Mihailovi N，Gaji B. Quantification of transfer of ^{238}U，^{226}Ra，^{232}Th，^{40}K and ^{137}Cs in mosses of a semi-natural ecosystem ［J］. Journal of Environmental

Radioactivity，2010，101（2）：159-164.

[140] Suresh G，Ramasamy V，Meenakshisundaram V，et al. A relationship between the natural radioactivity and mineralogical composition of the Ponnaiyar river sediments，India［J］. Journal of Environmental Radioactivity，2011，102（4）：370-377.

[141] Jha V N，Tripathi R M，Sethy N K，et al. Bioaccumulation of [226]Ra by plants growing in fresh water ecosystem around the uranium industry at Jaduguda，India ［J］. Journal of Environmental Radioactivity，2010，101（9）：717-722.

[142] Matisoff G，Ketterer M E，Klas Rosén，et al. Downward migration of Chernobyl-derived radionuclides in soils in Poland and Sweden［J］. Applied Geochemistry，2011，26（1）：105-115.

[143] Roh Y，Lee S R，Choi S，et al. Physicochemical and mineralogical characterization of uranium contaminated soils［J］. Journal of Soil Contamination，2010，24（6）：463-486.

[144] Landa E R. Uranium mill tailings：nuclear waste and natural laboratory for geochemical and radioecological investigations［J］. Journal of Environmental Radioactivity，2004，77（1）：1-27.

[145] Rosén，K，Vinichuk M. Potassium fertilization and ^{137}Cs transfer from soil to grass and barley in Sweden after the Chernobyl fallout［J］. Journal of Environmental Radioactivity，2014，130：22-32.

[146] Sahu P，Mishra D P，Panigrahi D C，et al. Radon emanation from backfilled mill tailings in underground uranium mine［J］. Journal of Environmental Radioactivity，2014，130：15-21.

[147] Thorring H，Skuterud L，Steinnes E. Influence of chemical composition of precipitation on migration of radioactive caesium in natural soils［J］. Journal of Environmental Radioactivity，2014，134：114-119.

[148] 全国环境天然放射性水平调查总结报告编写小组. 全国土壤中天然放射性核素含量调查研究（1983—1990 年）［J］. 辐射防护，1992（2）：122-142.

[149] 李新德，郑水红，吴向荣. 江西省土壤中天然放射性核素含量调查［J］. 辐射防护，1993（4）：291-294.

[150] 何超，涂彧. 放射性核素从土壤向生物体转移的研究［J］. 中国辐射卫生，2007，16（4）：502-503.

[151] 史建君. 放射性核素对生态环境的影响［J］. 核农学报，2011，25（2）：397-403.

[152] 邱国华. 土壤-植物系统中氚迁移研究现状与展望［J］. 世界核地质科学，2011，28（3）：180-186.

[153] Wei M，Liao J，Liu N，et al. Interaction between uranium and humic acid（I）：Adsorption behaviors of U（Ⅵ）in soil humic acids［J］. Nuclear Science and

Techniques，2007，18（5）：287-293.

[154] 郭敏丽，王金生，滕彦国. 核素在非均匀介质中的迁移预测 [J]. 中国环境科学，2009，29（3）：325-329.

[155] 李爽，倪师军，张成江. 铯在土壤中的吸附性能研究 [J]. 成都理工大学学报（自然科学版），2009，33（4）：425-429.

[156] 胡立，梁斌，周敏娟. 铀在土壤中的吸附动力学 [J]. 四川环境，2011，30（1）：21-25.

[157] 赵希岳，樊国华，蔡志强. 放射性核素 60Co 在土壤中的淋溶和迁移分布 [J]. 中国环境科学，2010，30（8）：1118-1122.

[158] 宋璐璐，张东，杜良. Co 在某极低放废物填埋场土壤中的迁移行为初步研究 [J]. 安全与环境学报，2012，12（3）：15-18.

[159] 吴桂惠，周星火. 铀矿冶尾矿、废石堆放场地的辐射防护 [J]. 辐射防护通讯，2001，21（6）：33-36.

[160] 刘畅荣，刘泽华，王志勇. 铀尾矿废石场辐射安全分析与评价 [J]. 南华大学学报（自然科学版），2007，21（2）：24-28.

[161] 黄乃明，陈志东，邓飞，等. 天然环境中放射性核素在土壤中的迁移 [J]. 辐射防护，2003，23（6）：321-327＋336-397.

[162] 赵希岳，樊国华，蔡志强，等. 放射性核素 60Co 在土壤中的淋溶和迁移分布 [J]. 中国环境科学，2010，30（8）：1118-1122.

[163] 朱君，邓安嫦，石云峰，等. 不同喷淋强度对核素 Sr-90 在土壤中迁移的影响 [J]. 土壤学报，2017（3）：785-793.

[164] 王兰新. 当前我国放射性核素迁移的实验研究 [J]. 化学研究与应用，1998（6）：573-577.

[165] 杨明太. 放射性核素迁移研究的现状（续）[J]. 核电子学与探测技术，2006，25（1）：878-880.

[166] 刘媛媛，魏强林，高柏，等. 放射性核素在不同介质中的迁移规律研究现状及进展 [J]. 有色金属（冶炼部分），2018（6）：76-82.

[167] 白庆中，袁光钰. 放射性 Cs、Sr 在土壤中迁移的研究 [J]. 清华大学学报（自然科学版），1989（6）：96-104.

[168] 王志明，李书绅，郭择德. 85Sr 在黄土包气带中的迁移 [J]. 辐射防护，2000，20（2）：32-61.

[169] 杨勇，苑国琪，张东. 90Sr、137Cs 在某种包气带土壤中的迁移研究 [J]. 四川环境，2004，23（3）：85-89.

[170] 独仲德，赵英杰，倪东旗. 钴、锶在包气带土壤中迁移特征的试验研究 [J]. 水文地质工程地质，1997（6）：9-12.

[171] 高立. 切尔诺贝利事故 6 年后的乌克兰、白俄罗斯、俄罗斯农村土壤中放射性核

素的迁移情况 [J]. 国外核新闻，1996 (10)：19-20.

[172] 李书绅，范智文，孙庆红，等. ^{237}Np，^{238}Pu，^{241}Am 和 ^{90}Sr 在中国和日本膨润土中迁移的野外试验 [J]. 核化学与放射化学，2006，28 (1)：11-15.

[173] 刘红娟，唐泉，单健. 环境中放射性铯的迁移进展研究 [J]. 环境科学与管理，2014，39 (12)：50-54.

[174] 邱国华，潘自强，王驹. 氚在干旱地区非饱和土壤中迁移规律研究 [J]. 辐射防护，2015，35 (6)：321-325＋332.

[175] 李娟，郭志英，梁月琴. 贫铀在土壤中迁移的实验室模型改进 [J]. 中国辐射卫生，2011，20 (2)：132-134.

[176] 李娟，郭志英，梁月琴. 腐殖质及酸雨对贫铀在土壤中迁移的影响研究 [J]. 中国环境科学，2011，31 (suppl)：84-88.

[177] 郭择德，卫为强，程理. 尾矿库中 U、Th 和 ^{226}Ra 在亚粘土层的垂向迁移 [J]. 辐射防护. 2005，25 (1)：24-30.

[178] 周锡堂，阙为民，胡鄂明. 原地浸出采铀元素的迁移与沉淀 [J]. 铀矿冶. 2000，19 (2)：9-14.

第 2 章
研究方法

2.1 研究区土壤铀来源

2.1.1 研究区铀尾矿矿物组成

采用 XRD 分析了研究区尾矿库中铀尾矿的矿物组成,尾矿砂及矿渣的矿物组成如图 2.1 所示,其中 (a) 为尾矿砂; (b) 为尾矿渣。分析可知,尾矿砂的主要矿物组成为 SiO_2 (石英), $CaAl_2Si_2O_8 \cdot 4H_2O$ (钙长石)、$NaAlSi_3O_8$ (钠长石)、(Na,Ca) Al (Si, Al)$_3O_8$ (中长石);尾矿渣的主要矿物组成为 SiO_2 (石英), $CaAl_2Si_2O_8 \cdot 4H_2O$ (钙长石)、$NaAlSi_3O_8$ (钠长石)。其中, SiO_2 在铀尾矿中占的比例最高,是主要成分,表明尾矿多为酸性矿渣。

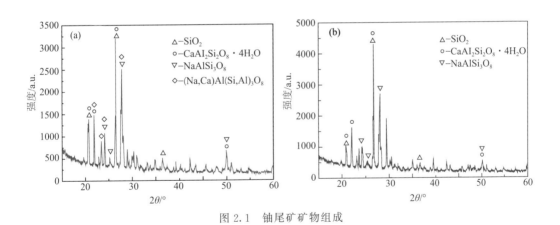

图 2.1 铀尾矿矿物组成

2.1.2 研究区土壤铀污染源

为了探究研究区农田土壤及周边村落土壤铀来源,采集了尾矿库矿渣、大气降水及农田灌溉水。尾矿库矿渣样品中平均铀含量为 387 mg·kg^{-1},超出区域土壤背景值 90 多倍,研究区大气降水水渠内沉降水铀含量高达 249 μg·L^{-1},超出矿山废水的排放标准[1] (50 μg·L^{-1}) 近 4 倍。研究区农田灌溉水来源大致分布情况如图 2.2 所示,图中列举了采样区的 4 个常用灌溉水来源，分别是：灌溉水 1（32.1 $\mu g \cdot L^{-1}$），是研究区矿山废水处理厂的外排水，符合铀矿山废水排放标准；灌溉水 2（140.4 $\mu g \cdot L^{-1}$）是尾矿坝附近大气降水冲刷后形成的水渠；灌溉水 3 是从水库引过来的灌溉水，铀含量较低；灌溉水 4（65.2 $\mu g \cdot L^{-1}$）是研究区沉降水与灌溉水渠的混合水。

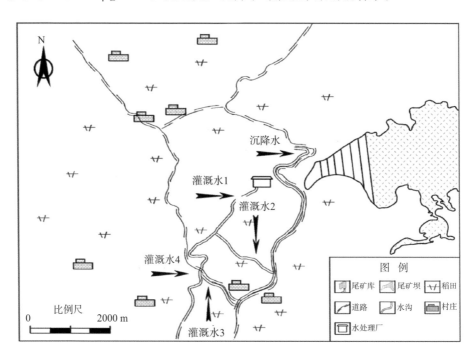

图 2.2　研究区灌溉水分布图

2.1.3　研究区土壤背景的选择

根据研究区土地利用特征，选取矿山铀尾矿坝旁山坡未扰动土壤作为相对背景。选取的背景样与待研究对象有相同的自然环境背景，且土壤不受耕种、灌溉等条件的影响，故背景土壤与研究的农田土壤中铀含量具有可比性。背景土壤中铀含量为 3.21 $mg \cdot kg^{-1}$，与铀的土壤环境背景值[2]比较，高于中国土壤背景值（2.80 $mg \cdot kg^{-1}$），低于江西省土壤背景值（4.4 $mg \cdot kg^{-1}$）。

2.2　样品采集与处理

2.2.1　采样点的布置及样品采集

研究区尾矿库三面环山，地属山谷型，选择尾矿坝下游的土壤及尾矿周边村庄稻田土壤为研究对象，采样及布点方法依据《土壤环境监测技术规范》（HJ/T 166—2004）和《场地环境监测技术导则》（HJ 25.2—2014）。根据研究区特点，总体采用网格法布点，另外在污染源附近多布点，总共布点 25 个（1 号～25 号），选择其中的几个典型采样点采集剖面土壤样品，由于要考查铀在土壤纵向深度分布特征，所以深度布点范围为 0～10 cm、10～20 cm、20～40 cm、40～60 cm、60～80 cm、80～100 cm，其他采样点只采集表层（0～20 cm）土壤样品，同时，每个采样点需同步采集植物及根际土壤样品。采样布点图见图 2.3。

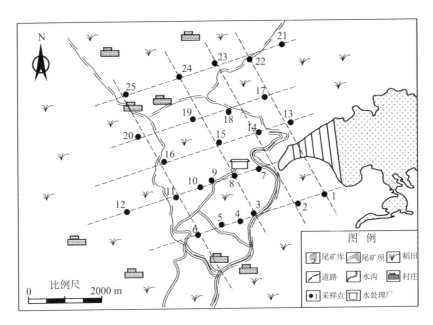

图 2.3　采样布点图

2.2.2　样品处理

（1）土壤样品的处理

土壤样品的处理方法参照《土壤环境监测技术规范》（HJ/T 166—2004）和土壤实验指导[3]。

（2）根际土壤样品的处理

采用剥落分离法采集根际土壤样品。根际土壤的后处理步骤同土壤样品[4]。

（3）植物样品的处理

植物样品的处理参考 GB 11223.2—89[5]。

2.2.3 质量保证和质量控制

采样现场的质量保证和质量控制程序具体参考《场地环境监测技术导则》（HJ 25.2—2014）。野外采样方法及实验室分析的质量保证和质量控制程序具体参考《土壤环境监测技术规范》（HJ/T 166—2004）。

2.3 研究方法

2.3.1 主要实验仪器及试剂

（1）主要仪器

本研究中所用主要仪器及规格型号如表 2.1 所示。

表 2.1 主要实验仪器

仪器名称	仪器型号
微量铀分析仪	ZKHD3025
电感耦合等离子体发射光谱仪（ICP-OES）	5100VDV
高分辨率电感耦合等离子体质谱仪（ICP-MS）	Element 2
场发射扫描电子显微镜（SEM）	Nova anoSEM 450
X 射线荧光光谱仪（XRF）	AXIOS MAX
多晶 X 射线衍射仪（XRD）	D8 advance
高纯锗 γ 能谱仪	Falcon5000
激光粒度仪	Mastersizer 2000
傅立叶变换红外光谱仪	Nicolet IS5
比表面积和孔径分布分析仪	Quantachrome Nova
高速冷冻离心机	TGL－16C
分析天平	AR224CN
电动振筛机	GS－86
pH 计	DELTA－320
土壤采样器	ZHT－001
蠕动泵	BT100－2J
土壤 Eh 测定仪	STEH－200
数显恒温振荡器	ZWYR－240
智能人工气候箱	PRX－450B

（2）主要试剂

本实验中所用主要化学试剂如醋酸铵溶液、$MgCl_2$ 溶液、$BaCl_2$ 溶液等，常用试剂如硝酸、氢氟酸、高氯酸、双氧水等（以上均为分析纯），铀标准购自核工业北京化工冶金研究院。

2.3.2 主要分析测试方法

本书土壤铀含量的测定采用激光荧光法[6]、ICP-OES[7] 和 ICP-MS[8] 三种方法；植物中铀含量的测定采用激光液体荧光法[5]；土壤铀形态的分析方法是在 Tessier[9] 五步提取法的基础上修改的逐级化学提取法，并结合铀化学性质的特殊性做一些相应的改动，本书主要参考张彬[10] 学者的铀形态提取方法，准确称取烘至恒重的 3.0 g 土壤样品置于锥形瓶中，提取方法如表 2.2 所示。

表 2.2 土壤中铀的逐级化学提取方法[10]

提取步骤	赋存形态	提取方法
I	可交换态（包括水溶态）	加入 20 mL 1 mol·L^{-1} 的 $MgCl_2$ 溶液（pH=7），在室温下振荡 2 h 转入 50 mL 离心管中，以 8000 r·min^{-1} 离心 10 min，取出上清液，用去离子水分两次洗涤锥形瓶，洗涤液倒入原离心管中再继续离心分离，移出上清液。两次的上清液均倒入同一容量瓶中，加入 1 mL 浓硝酸后，定容，分析。
II	碳酸盐结合态	取上一步提取后的残余物，加入 30 mL 1 mol·L^{-1} 的醋酸钠溶液（pH=5，用醋酸调节），在室温下振荡 7 h，上清液提取操作同步骤 I。
III	有机质结合态	取上一步的残余物，加入 20 mL H_2O_2，在室温下反应 1 h 后在 85 ℃ 水浴中加热 1 h，蒸干；再次加入 20 mL H_2O_2，继续在 85℃ 水浴中加热 1 h，蒸干；加入 50 mL 1 mol·L^{-1} 的醋酸铵溶液在室温下振荡 2 h，上清液提取操作同步骤 I。
IV	无定型铁锰氧化物/氢氧化物结合态	取上一步的残余物，加入 20 mL 的 Tamm's 溶液，在室温下振荡 5 h，上清液提取操作同步骤 I。
V	晶质铁锰氧化物/氢氧化物结合态	取上一步的残余物，加入 40 mL 的 CDB 溶液（pH=7.0），在室温下振荡 5 h，上清液提取操作同步骤 I。
VI	残渣态	提取步骤同土壤中铀含量的测定

2.3.3 研究区土壤的表征

（1）扫描电镜形貌分析（SEM）

用扫描电镜观察矿区表层土壤颗粒表面形貌，如图 2.4 所示。从图中可看出，研究区土壤存在一系列扭曲蜂窝状积聚体或不规则多孔结构或片状结构。

（2）红外光谱分析（FTIR）

图 2.5 是表层土的 FTIR 谱图。$3620\ \mathrm{cm^{-1}}$、$3437\ \mathrm{cm^{-1}}$ 附近为—OH、N—H 的伸缩振动峰，$2900\ \mathrm{cm^{-1}}$ 附近为 C—H 的伸缩振动峰，$1886\ \mathrm{cm^{-1}}$

图 2.4　土壤扫描电镜图

附近为酸酐 $(RCO)_2O$ 的振动峰，$1629\ \mathrm{cm^{-1}}$ 附近为 C＝O 及 C＝C 的伸缩振动峰，$1080\ \mathrm{cm^{-1}}$ 附近为 Si—O、C—N 及 C—O 的伸缩振动峰和 C—H 的面外卷曲振动峰，$797\ \mathrm{cm^{-1}}$ 附近为 Si—C 的伸缩振动峰，$700 \sim 500\ \mathrm{cm^{-1}}$ 范围内为卤代物 C—X 的伸缩振动峰。

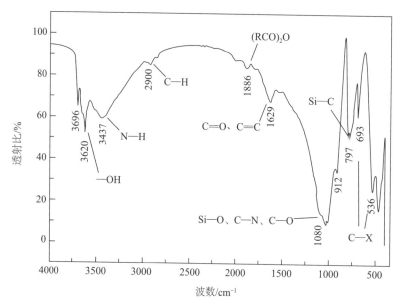

图 2.5　稻田土红外光谱图

（3）X 射线衍射图谱分析（XRD）

利用 XRD 分析了研究剖面土壤矿物组成如图 2.6 所示，由图可见，剖面土壤矿物主要组分为 SiO_2、Al_2O_3、Fe_2O_3 和 $AlPO_4$ 等，可见剖面不同层土壤矿物组成有一定的差异，深层土壤 SiO_2 含量较浅层要高，Al_2O_3、Fe_2O_3 和 $AlPO_4$ 均在近地表层土壤含量更高，随土层深度的变化规律不明显。

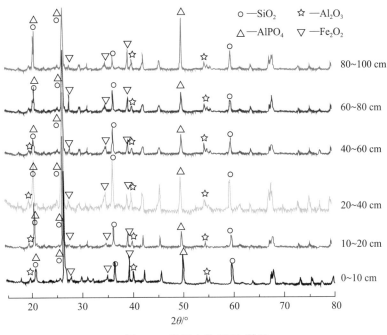

图 2.6 稻田土的 XRD 谱图

（4）X 射线荧光光谱分析（XRF）

利用 X 射线荧光光谱分析矿区土壤组成的结果如表 2.3 所示，该结果与 XRD 对土壤成分的定性分析结果一致。

表 2.3 土壤 X 射线荧光光谱分析结果 　　　　　质量分数/%

土壤	SiO_2	Al_2O_3	Fe_2O_3	CaO	MgO	Na_2O	K_2O	P_2O_5
最大值	66.631	25.829	10.693	0.876	0.0635	0.0293	1.02	0.105
最小值	58.33	22.106	4.752	0.274	0.0218	0.0167	0.578	0.035
平均值	63.443	24.234	6.791	0.574	0.0421	0.0204	0.884	0.066

2.3.4 实验方法

（1）外源铀淹水条件实验方法

1）供试土壤

试验土壤选择了研究区稻田土 0～20 cm 的表层土壤，土壤室内风干，去除杂物，过 2 mm 筛备用。

2）实验方法

称取 500 g 供试土样，铀添加水平分别为 5 mg·kg^{-1}、10 mg·kg^{-1}、20 mg·kg^{-1}、80 mg·kg^{-1}，土壤保持淹水状态，水分液面在土壤表面 5 cm 处。将塑料大烧杯置于智能人工气候箱中，实验温度为 25 ℃，湿度为 75%，实验大烧杯外包裹塑料膜并打孔保持通气。

取样及测定：取样时间为正式水分培养后的第 5 d、30 d、50 d、80 d、100 d。取样前先将土壤混匀，每次取出约 50 g 土壤，测定 pH、铀总量，并进行铀的形态分析及土壤性质表征。

（2）静态吸附实验方法

1）供试土壤

实验选取研究区的表层农田土壤，土壤样品处理过程见 2.2.2。

2）实验方法

实验分析了 pH、初始铀浓度、有机质、吸附温度、重金属离子及土壤粒径等几个影响因素。每个实验的基础条件为：土壤粒径 100 目，吸附时间为 8 h，温度为 25 ℃，pH 为 5.0。单因素实验中，pH 设置为 2、3、4、5、5.6（酸雨的界限值）、6、7、8；铀的初始浓度为 5、10、15、20、25、30mg·L^{-1}；吸附时间为 0.5 h、1 h、1.5 h、2 h、4 h、8 h、16 h；土壤粒径为 20 目、100 目、200 目、300 目；吸附温度分别设置为 5 ℃、10 ℃、15 ℃、20 ℃、25 ℃、30 ℃、35 ℃。

（3）动态迁移实验方法

1）供试土壤

实验选取研究区的表层农田土壤，土壤样品处理过程见 2.2.2。

2）装填土柱

土柱外径为 50 mm，高为 220 mm，装置分为过滤层和土柱两部分，过滤层为土柱上下两端约 2 cm 厚的石英砂层，防止溶液冲刷导致土壤流失。土柱实验装置如图 2.7 所示。

3）淋滤实验

实验开始时，先从土柱底部自下而上注入超纯水来饱和土壤，以排除土柱内的空气。待土柱环境接近自然土壤环境后，用蠕动泵从土柱顶部注入淋滤液，并控制淋滤速度稳定。土柱底部的流出液定时采集，并测定铀浓度，直到流出液中铀浓度接近淋滤

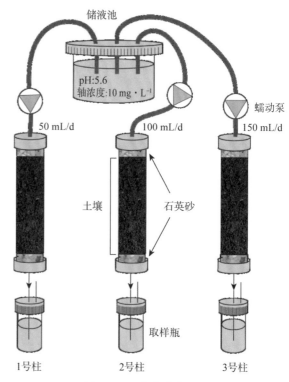

图 2.7 土柱实验装置图

第3章

铀尾矿库周边土壤铀赋存特征及来源分析

尾矿库是核燃料生产系统中储存放射性废物数量最庞大的场所，随着时间的推移以及不可预料的各种地下水文地质、大气循环等运动，可能导致尾矿库中的放射性核素迁移到生物圈、土壤圈、水圈等环境系统中，随之引起周边环境污染，给人类的生命和健康带来巨大的威胁。

本研究选择铀尾矿坝下游的土壤作为研究对象。铀矿冶过程中，铀矿石经过矿石破碎→酸（碱）液浸出→固液相分离→离子交换或离子萃取→铀化合物的沉淀→结晶等水冶工艺流程处理后，90%以上的铀从铀矿石中被提取出来，提取后的尾矿液用石灰石中和，处理后的尾矿渣被送到铀尾矿库。尾矿库中的尾矿渣中绝大部分的铀已被提取，但仍有一定量的铀残留在矿渣中，在自然条件的作用下，如随着雨水淋滤和大气降尘循环，铀会向地下或周边区域环境扩散，对环境可能造成污染危害，进而可能影响周居民的生产和生活。因此，对铀尾矿库周边的土壤和植物中铀的赋存特征进行研究，并分析其来源，对矿区周边环境的管理和环境修复尤为重要。

3.1 尾矿库周边土壤铀含量分布特征

3.1.1 土壤铀含量描述性统计

研究区土壤的铀含量统计结果如表3.1所示，铀含量频数分布如图3.1所示。从表3.1可以看出，表层土壤（0~20 cm）铀的含量范围为1.21~98.62 mg·kg^{-1}，平均含量为13.20~16.96 mg·kg^{-1}，约是江西省土壤背景值（4.40 mg·kg^{-1}）的3~4倍，约是研究区土壤背景值（3.21 mg·kg^{-1}）的4~5倍，超标率达到了80%；越接近地表土壤层的铀含量变异系数越大，表层土壤的变异系数大于1，属于强变异，说明受外界干扰因素影响较大；深层土壤铀含量的变异系数在0.29~0.44，属中等变异，代表局部存在差异性。总体分析，铀含量在平面和剖面空间范围均存在变异，也即存在局部富集现象，初步证明了人类活动对研究区土壤质量产生了影响。

表 3.1 研究区土壤铀含量统计　　　　　　　　　　　铀含量/(mg·kg⁻¹)

项目	均值	最小值	最大值	标准差	变异系数	峰度	偏度	K-S	江西省背景值	研究区背景值	超标率/%
0~10 cm	16.96	1.21	98.62	23.00	1.35	6.34	2.44	0.0	4.40	3.21	80
10~20 cm	13.20	2.01	70.15	17.29	1.31	5.28	2.38	0.0	—	—	—
20~40 cm	5.23	2.12	8.76	2.01	0.38	−0.62	0.28	0.2	—	—	—
40~60 cm	4.59	2.46	6.72	1.35	0.29	−0.95	0.15	0.2	—	—	—
60~80cm	4.35	2.33	6.34	1.31	0.30	−1.06	0.16	0.2	—	—	—
80~100 cm	2.98	1.02	5.43	1.30	0.44	0.31	0.73	0.2	—	—	—

　　由铀含量频数分布图 3.1 可见，接近自然背景下的深层土壤铀含量的频数分布接近符合正态分布，而受人类活动影响的浅层土壤含量的频数分布特征变化很大。应用 SPSS20.0 软件进行 K-S 检验，深度在 0~20 cm 范围的土壤 K-S≤0.05，均不服从正态分布；深层土壤的样本量偏小，但总体看 K-S 检验结果接近正态分布。峰度结果显示，浅层土壤峰度为正值且偏高，存在明显的峰值偏左，在峰右有拖尾的现象，深层土壤的峰度值偏负，其分布相对平坦，数据较为分散。因此，统计结果初步证明，浅层土壤均不服从正态分布，这说明了研究区铀尾矿库可能对其周边土壤铀产生了一定的污染效应。

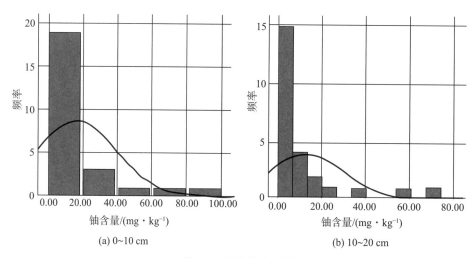

(a) 0~10 cm　　　　　　　　　　(b) 10~20 cm

图 3.1 铀含量直方图

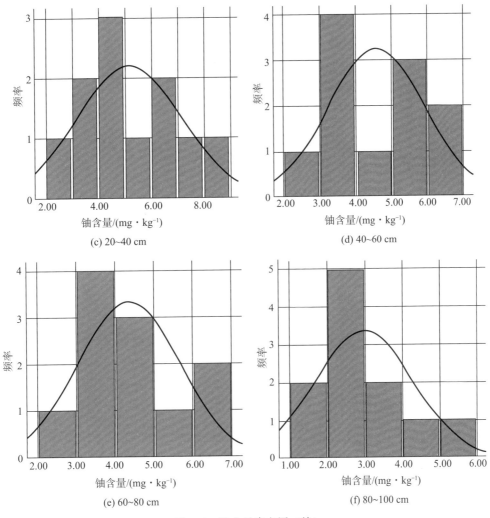

图 3.1 铀含量直方图（续）

3.1.2 研究区土壤中铀含量平面分布特征

用铀尾矿周边表层（0～10 cm）土壤铀含量做等值线如图 3.2 所示，由图可以看出，研究区内铀含量在平面空间范围内差异较大，在尾矿坝越近的铀含量普遍偏高，最高点铀含量约为当地背景值（3.21 mg·kg^{-1}）30 倍，辐射区域约为尾矿坝下游 1.5 km 范围；在尾矿坝下游 2 km 附近，以 3 号点为中心，出现了直径约 2 km 的污染晕，该区域农田的灌溉水来自研究区大气降水冲刷后的水渠，该水渠附近区域的土壤铀含量普遍较高，超过背景值近 15 倍；在尾矿坝下游 3.5 km 附近，以 11 号点为中心，出现了直径约 1 km 的污染晕，该区域灌溉水主要受大气沉降和地表冲刷的影响，铀含量（65.2 μg·L^{-1}）超出矿山排水标准；在尾矿坝废水处理站排水渠附近以 9 号点为中心，出现直径 0.5 km 的小污染晕，该区域灌溉水（32.1 $\mu g \cdot L^{-1}$）是经过尾矿坝水处理厂处理过的水，铀含量符合排放标准（50 $\mu g \cdot L^{-1}$），但因存在土壤的吸附富集等作用，该区域铀含量仍超过当地背景值 2～6 倍；图中红色虚线圈定区域的铀含量为江西省土壤铀背景值（4.4 $mg \cdot kg^{-1}$），该区域其中一部分在距尾矿坝下游约 5 km 范围，此范围可能内受研究区大气沉降/雨水冲刷等影响较大。

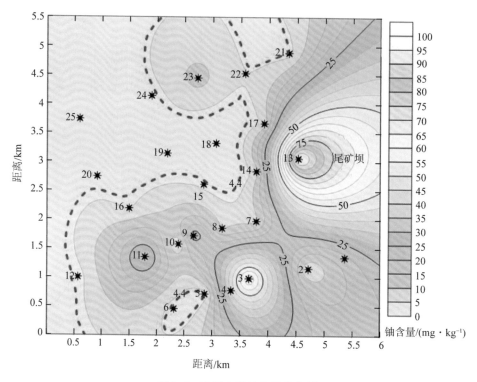

图 3.2　表层土壤铀含量分布图

3.1.3　研究区土壤中铀含量剖面分布特征

本研究选择尾矿库附近土壤进行土壤剖面铀含量分布特征分析，进而研究土壤中铀的纵向迁移程度及潜在环境风险。分别采集了 0～10 cm、10～20 cm、20～40 cm、40～60 cm、60～80 cm、80～100 cm 深度的土壤样品，剖面铀含量分布如图 3.3 所示，由图可见，在铀含量偏高的 7 号、8 号、9 号、11 号采样点，土壤铀含量总体随土壤层深度的加深而逐渐减小，且在 0～40 cm 范围内减小的速度最快；土壤铀含量较低的采样点（19 号～25 号），铀含量随深度变化也呈降低的趋势，但是趋势不明显；0～20 cm 剖面土壤铀含量差异较大，深层土壤差异较小，这与统计分析结果一致，表明研究区土壤铀受人类活动的影响较大，同时也表明土壤对铀有一定的吸附及过滤能力。

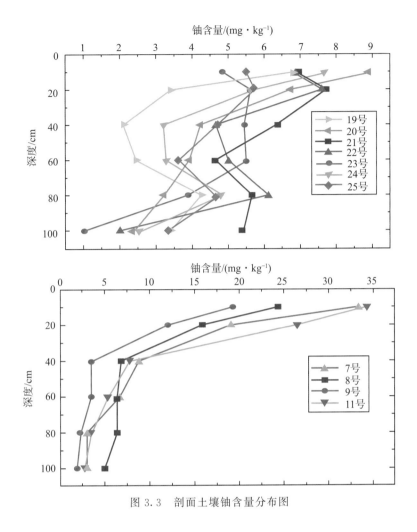

图 3.3　剖面土壤铀含量分布图

3.1.4　土壤铀含量与土壤性质的相关性

研究区剖面土壤 pH、有机质测定结果如表 3.2 所示，铀与土壤性质相关性分析见表 3.3。

由表 3.2 可见，每个剖面的 pH 比较接近，没有明显的规律性，从剖面不同深度来看，越接近地表的土壤层 pH 越低，可见受酸性矿山排水的影响较大；另外从表中可以看出，在选择的几个剖面中，有机质在越接近地表层的土壤中含量越高，其中，根际土壤有机质含量最高。

表 3.2　土壤 pH、有机质测定结果　　　　　　　　　　　　　　$g \cdot kg^{-1}$

深度/cm	8 号		9 号		21 号		22 号		23 号		24 号		25 号	
	pH	有机质	pH	有机质	pH	有机质	pH	有机质	pH	有机质	pH	有机质	pH	有机质
0～10	4.09	40.9	4.12	46.3	3.66	40.2	3.90	38.9	3.92	38.5	3.94	43.0	3.9	44.9
根际	3.88	44.1	4.00	45.8	3.21	43.1	3.64	37.0	3.43	39.6	3.76	43.0	3.66	45.1
10～20	5.10	33.2	5.89	43.1	4.21	32.1	4.85	40.1	4.25	38.2	6.07	42.1	5.71	40.1
20～40	5.55	14.5	5.61	16.3	4.91	15.1	5.59	15.1	5.29	16.2	5.85	15.0	5.35	14.2
40～60	5.38	7.98	5.95	9.01	5.42	8.15	5.49	8.14	5.31	9.15	6.35	8.20	4.94	8.06
60～80	5.54	6.32	6.25	6.32	5.64	6.72	5.47	6.72	5.30	7.65	6.09	6.01	4.60	6.18
80～100	5.59	5.01	6.43	4.45	5.65	5.43	5.38	3.48	5.42	4.63	5.73	4.06	4.62	5.43

由表 3.3 可以看出，每个剖面铀与 pH、有机质的相关性规律不同，但从整体看，铀与 pH 呈负相关；对比表 3.2 和 3.3 可以看出，在有机质较高的土壤中，铀与有机质呈正相关，有机质含量较少时对铀的影响不明显。可见，土壤中铀含量的分布特征不是某个因素决定的，从本研究发现，与土壤距污染源的距离以及土壤剖面深度相比较，pH 和有机质不是主要的影响因素。但从理论上分析，当土壤 pH 较高时铀离子容易沉淀，也有相关的研究[1-2]显示，土壤有机质和铀含量具有一定的相关性，很大程度上会导致铀的富集。

表 3.3　铀浓度与土壤性质的相关性

铀	8 号	9 号	21 号	22 号	23 号	24 号	25 号
有机质	0.820*	0.820*	0.767*	0.698	0.464	0.883**	0.897**
pH	−0.939**	−0.966**	−0.782*	−0.387	−0.355	−0.774*	−0.267
P_2O_5	0.797*	0.777*	0.270	0.352	0.492	0.797*	0.837*
Al_2O_3	0.689	−0.050	0.640	0.589	0.684	0.613	0.799*
Fe_2O_3	0.917**	0.819*	0.660	−0.314	0.325	0.821*	0.534
CaO	0.299	0.421	0.732	−0.382	0.750	0.797*	0.820*
SiO_2	−0.179	−0.260	0.096	0.053	−0.773*	−0.832*	−0.534
MgO	−0.621	0.798*	0.712	0.652	0.706	0.669	0.853*
Na_2O	0.722	0.676	−0.668	−0.524	0.815*	0.814*	0.782*
K_2O	0.740	0.769*	0.772*	0.593	−0.513	0.833*	0.803*

由表 3.3 分析土壤中铀与常量元素间的相关性，结果表明，不同剖面间常量元素与铀的相关性没有明显规律，且不好表达。从每个剖面不同深度来看，总体上土壤中铀含量普遍与 SiO_2 呈负相关，与 Fe_2O_3、Al_2O_3、K_2O 和 P_2O_5 成正相关，与其他常量元素

相关性的规律不明显。因此，初步分析得知，污染源输入到环境中的铀在 SiO$_2$ 含量越低、Fe$_2$O$_3$、Al$_2$O$_3$、P$_2$O$_5$ 含量越高的土壤中更易富集，与此同时，较高有机质会进一步促进土壤对铀的富集能力。

3.2　土壤铀富集特征

3.2.1　根际土壤铀含量空间分布特征

根际土壤铀含量的分布规律如图 3.4 所示，与图 3.2 表层土壤铀含量对比可以看出，根际土壤铀含量的分布特征与表层土壤铀含量的分布特征基本一致；但从含量多少来看，土壤铀含量在根际区更高，表明根际土壤对铀有一定的富集作用。目前，关于土壤重金属的根际效应研究较多，而针对铀元素的研究国内外均较少，较具代表性的如：廉欢[3] 在研究黑麦草修复铀污染时发现，根际土壤铀含量大于非根际，根际土壤有机质含量高于非根际，有机质可能是促进根际土壤对铀固定的一个重要因素。焦扬[4] 等在研究铀对不同植物根际土壤酶活的影响时发现：根际土壤酶对铀的富集起重要作用，这表明，在自然状态下根际存在着富集铀的过程，可见根际土壤对铀的富集作用明显，这与本研究结果一致。

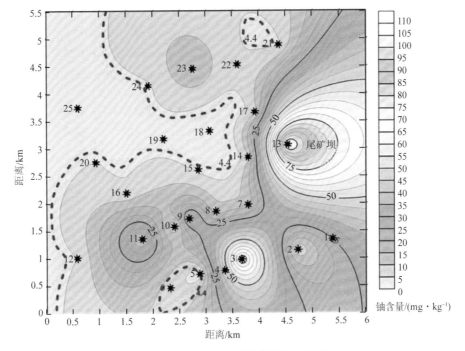

图 3.4　根际土壤中铀含量分布特征

3.2.2 水稻根系中铀含量分布特征

国内关于铀尾矿周边土壤遭受到铀污染情况已多次报道[5-6]。本研究在采集铀尾矿周边土壤的同时，在农田土壤区同步采集水稻植株样品，水稻植株样品为已收割后剩余的水稻根部，结果如图3.5所示，其中在距尾矿坝下游约5 km范围，此范围内受研究区大气降水的影响较大，这个区域内的土壤水稻植株根部的铀含量范围是0.45～4.62 mg·kg⁻¹；另外一部分区域在尾矿坝西北区，此范围在尾矿坝上游，水稻植株根部铀含量范围为0.01～0.18 mg·kg⁻¹。对比图3.4可以看出，水稻植株根中铀含量高的区域，其根际土壤中铀含量也高。有研究表明[7]，植物根系从土壤中吸收养分的同时也会吸收铀。向龙[8-9]等人发现，华东某矿区稻米中铀含量平均值为1.46 ng·g⁻¹，稻米中铀含量平均值顺序为：（1）开采矿井区＞水冶场区＞含矿未采区＞废弃矿井区＞江西省背景值＞对照区；（2）稻米的单因子污染指数为1.25，属轻度污染；（3）开采矿井区和水冶厂区的成人存在一定致癌风险。可见，铀矿区附近土壤铀污染问题值得关注。

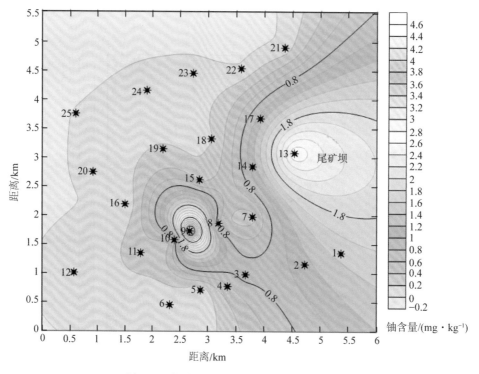

图3.5　水稻根系中的铀含量/（mg·kg⁻¹）

3.2.3 表层土壤-根际土壤-水稻根中铀含量的相关性

应用 SPSS 软件，分析表层土壤-根际土壤-水稻根中铀含量的相关性，结果见表 3.4。可见，表层土壤-根际土壤中铀含量极显著相关，表层土壤-水稻根中铀含量的相关系数是 0.601，根际土壤-水稻根中铀含量的相关系数是 0.585，均在 0.01 水平（双侧）上显著相关，充分表明存在根际区对铀的富集作用。

表 3.4　表层土壤-根际土壤-水稻根部铀含量的相关性

	表层土	根际土	水稻根
表层土	1		
根际土	0.997 * *	1	
水稻根	0.601 * *	0.585 * *	1

注：* *　在 0.01 级别（双尾），相关性显著。

　　* 　在 0.05 级别（双尾），相关性显著。

3.3　基于多元统计分析的尾矿区农田土壤铀来源分析

3.3.1　研究区农田土壤中铀伴生重金属含量特征

由于铀矿床往往伴生重金属元素和硫化物，其中硫化物的风化作用会导致铀矿生产废水呈强酸性，从而加速铀和伴生重金属的释放，因此，铀尾矿库是重金属的复合污染源，其中不仅含有大量的放射性核素，还含有很多非放射性重金属，会造成附近区域的环境污染[10]。国内关于铀尾矿库周边土壤重金属污染的研究较多，典型的如张晶等[11]在其研究中指出，尾矿库附近重金属污染严重，其污染程度和距尾矿库水平距离成反比；魏浩[12]等评价了某铀矿尾矿库周边土壤污染区域及污染等级，发现铀尾矿周边土壤重金属与铀含量水平有很好的相关性。可见，进行铀尾矿库周边重金属的污染分析，对探讨铀污染来源具有重要的意义，也为防治土壤重金属和核素的复合污染提供依据。

本研究选择尾矿库下游稻田土壤中几个典型的剖面土壤样品进行重金属分析，选择的元素为典型的铀矿伴生重金属 Cr、Cu、Zn、Pb 和 Th，分析结果见表 3.5，从表 3.5 可以看出，Cr、Cu、Zn、Pb 和 Th 含量的平均值均大于国家和江西省土壤背景值，其中 Cr 含量约是江西省背景值的 3 倍，Cu 含量约是江西省背景值的 2 倍，Zn、Pb 和 Th 含量约是江西省背景值的 1.5 倍，可见，研究区土壤重金属污染问题应引起重视。

表 3.5 土壤重金属含量统计 含量/（mg·kg^{-1}）

	Cr	Cu	Zn	Pb	Th
平均值	134.66	44.28	107.91	40.29	25.98
标准偏差	17.63	9.96	18.70	6.70	11.08
变异系数	0.13	0.23	0.17	0.17	0.43
最小值	120.81	35.80	91.17	30.34	14.71
最大值	147.35	58.85	132.84	52.11	46.16
江西背景值	48.00	20.80	69.00	32.10	16.60
国家背景值	61.00	22.60	74.20	26.00	——

3.3.2 农田土壤铀与重金属含量相关性分析

土壤金属元素来源及影响其含量变化的因素，可以通过相关性分析来初步确定。一般而言，若金属元素间呈显著相关，表明其有相似来源或形成原因；反之，来源途径或形成原因不尽相同[13]。为分析研究区土壤铀的来源，进而为矿区土壤重金属和核素的复合污染修复提供依据，本论文对土壤中典型铀伴生重金属与核素铀、钍的相关性展开分析，结果如表 3.6 所示，由表 3.6 可知，尾矿库下游稻田土壤中放射性核素 U-Th 呈极显著相关，U-Cu-Pb-Zn 存在显著相关性，重金属元素 Cu-Pb-Zn 的相关水平也较高，Zn-Cr 有一定的相关性，整体来看，U、Cu、Zn、Pb、Cr 和 Th 之间均存在不同程度的相关性，表明研究区存在这 6 种元素不同程度复合污染或具有同源性[14-15]，U、Cu、Zn、Pb、Cr 和 Th 元素之间可能存在同源关系而导致其产生协同作用，进而加大该区域土壤放射性核素与重金属复合污染的可能性。

表 3.6 土壤中重金属和放射性核素相关性分析

	U	Cr	Cu	Zn	Pb	Th
U	1					
Cr	0.402	1				
Cu	0.887**	0.374	1			
Zn	0.829**	0.608*	0.798**	1		
Pb	0.799**	0.098	0.790**	0.731**	1	
Th	0.769**	0.012	0.635*	0.375	0.678*	1

注： ** 在 0.01 级别（双尾），相关性显著。

 * 在 0.05 级别（双尾），相关性显著。

3.3.3 农田土壤铀与重金属含量的因子分析

利用 SPSS 软件对尾矿区农田土壤 U、Cu、Zn、Pb、Cr 和 Th 含量做因子分析。经 SPSS 软件分析，KMO 值为 0.774，比较接近于 1；进行 Bartlett 球形度检验，sig0.000＜0.05，说明适合做因子分析。

对农田土壤中 2 种放射性核素和 4 种重金属含量主成分分析得到表 3.7、表 3.8 和图 3.6。分析表 3.7 可知，只有前两个成分特征值大于 1，所以提取这两个成分为主因子，其累积方差贡献率达 88.189%，表明这两个因子对农田土壤重金属污染来源具有决定性作用；分析表 3.8 可知，Cu、Pb、U、Th 元素在第一因子上的正载荷属最大，第一个因子解释了总信息的 68.145%，从前面的尾矿区土壤中铀及重金属含量分析结果可知，Cu、Pb、U、Th 元素污染在整个区域内具有普遍性，可能属于同源性污染；Cr 和 Zn 元素在第二主因子上正载荷最大，第二个因子解释了总信息的 20.044%，由表 3.6 分析结果表明，Cr 和 Zn 元素与其他元素相关性不显著，由此推断，第二主因子反映了差异性污染来源的金属元素对区域污染的贡献，推测其来自农药、化肥等人为活动过程。

表 3.7　农田土壤重金属含量的总方差解释

因子	初始特征值			提取后特征值			旋转后特征值		
	特征值	方差的%	累积%	特征值	方差的%	累积%	特征值	方差的%	累积%
1	4.089	68.145	68.145	4.089	68.145	68.145	3.475	57.911	57.911
2	1.203	20.044	88.189	1.203	20.044	88.189	1.817	30.278	88.189
3	0.407	6.788	94.978						
4	0.167	2.785	97.763						
5	0.103	1.715	99.478						
6	0.031	0.522	100.000						

表 3.8　尾矿区土壤重金属含量因子分析的旋转成分矩阵

元素	主成分因子		旋转后主成分因子	
	1	2	1	2
Pb	0.971		0.907	0.150
Th	0.934		0.893	−0.131
U	0.884	0.349	0.880	0.412
Cu	0.874	−0.285	0.832	0.426
Cr	0.732	−0.528		0.955
Zn	0.439	0.848	0.624	0.717

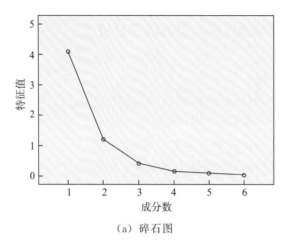

（a）碎石图

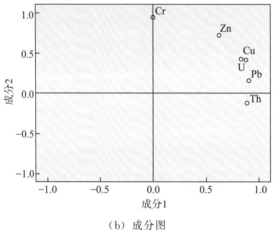

（b）成分图

图 3.6　旋转空间因子载荷图

3.3.4　农田土壤铀与重金属含量聚类分析

对尾矿区周边农田土壤中 U、Th、Cu、Pb、Zn 和 Cr 几个元素的含量进行聚类分析，由于元素数量较少，只进行简单的分类分析。通过 SPSS 软件绘制树状图来反映土壤中重金属元素之间的远近关系和内在联系。具体步骤：第一步，对变量进行标准化处理；第二步，采用欧氏距离平方进行测度；第三步，采用 Ward's 法绘制树状图，如图 3.7 所示。聚类分析结果表明，研究区农田土壤中的 U、Cu、Zn、Pb、Cr 和 Th 六种元素，可分为二类：Cu-Pb-Tu-U，Cr-Zn。此结论与上述因子分析结果保持一致。

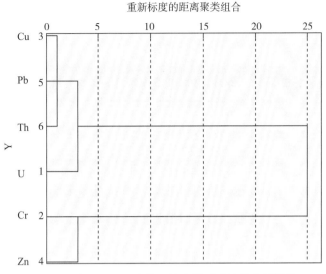

图 3.7 基于 Wards 法的土壤金属元素聚类分析结果

3.4 小结

（1）研究区土壤样品中的表层土壤铀含量差异较大，距离尾矿坝越近，铀含量越高，另外农田土壤铀含量可能受研究区大气沉降/冲刷等作用影响较大，铀污染晕圈定区域约距尾矿坝下游 5 km。

（2）土壤剖面铀含量研究表明，0～20 cm 剖面土壤铀含量差异较大，深层土壤差异较小，表明研究区土壤铀受人类活动的影响较大；铀含量在根际土壤层富集作用明显。

（3）铀与土壤性质的相关性研究发现，从每个剖面不同深度来看，总体上土壤中铀含量普遍与 SiO_2 呈负相关，与 Fe_2O_3、Al_2O_3、K_2O 和 P_2O_5 成正相关，与其他常量元素相关性规律不明显。因此，初步分析得知，污染源输入到环境中的铀在 SiO_2 含量越低，Fe_2O_3、Al_2O_3、P_2O_5 含量越高的土壤中更易富集，与此同时，较高有机质会进一步促进土壤对铀的富集能力。

（4）应用 SPSS 软件，分析铀含量在表层土壤-根际土壤-水稻根中的相关性，结果表明，三者均在 0.01 水平（双侧）呈显著相关，充分说明存在根际区对铀的富集作用。

（5）通过多元统计分析土壤铀污染来源研究发现，尾矿区农田土壤中 U、Cu、Pb 和 Th 元素之间可能存在同源关系而导致其产生协同作用，进而加大该区域土壤铀伴生重金属与放射性核素复合污染的可能性。

参考文献：

[1] 王朋冲，徐争启，李萍. 373 铀矿床有机质与铀成矿关系 [J]. 金属矿山，2014（3）：101-104.

[2] 巫声扬，王德生. 川北陆相砂岩型铀矿床成岩与成矿过程中有机质对铀的富集作用 [J]. 铀矿地质，1991，7（5）：265-272.

[3] 廉欢. 黑麦草对铀污染土壤植物提取修复的根际效应研究 [D]. 东华理工大学，2018.

[4] 焦扬，罗学刚，唐永金，等. 铀对不同植物根际土壤酶活的影响 [J]. 环境科学与技术，2016（3）：33-37.

[5] 刘平辉，魏长帅，张淑梅. 华东某铀矿区水稻土放射性核素铀污染评价 [J]. 土壤通报，2014（6）：1517-1521.

[6] 杨巍，杨亚新，曹龙生. 某铀尾矿库中放射性核素对环境的影响 [J]. 华东理工大学学报（自然科学版），2011，34（2）：155-159.

[7] Olajire A A，Ayodele E T，Oyedirdan G O，et al. Levels and speciation of heavy metals in soils of industrial Southern Nigeria [J]. Environmental Pollution，2003，113（2）：135-155.

[8] 向龙，刘平辉，杨迎亚. 华东某铀矿区稻米中放射性核素铀污染特征及健康风险评价 [J]. 长江流域资源与环境，2017，26（3）：419-427.

[9] 刘平辉，叶长盛，谢淑容，等. 江西相山铀矿区与非铀矿区稻谷中天然放射性核素含量对比研究 [J]. 光谱学与光谱分析，2009，29（7）：1972-1975.

[10] 曾雨，王卫红，王哲. 某铀尾矿库区周边土壤重金属污染的评价与空间分布特征 [J]. 科技资讯，2017（34）：101-104.

[11] 张晶，胡宝群，冯继光. 某铀矿山尾矿坝周边水土的重金属迁移规律研究 [J]. 能源研究与管理，2011（1）：27-29.

[12] 魏浩，薛清波，张国瑞，等. 某铀尾矿库下游农田土壤重金属污染程度及其风险评价 [J]. 矿产保护与利用，2018（6）：132-139.

[13] 程芳，程金平，桑恒春，等. 大金山岛土壤重金属污染评价及相关性分析 [J]. 环境科学，2013，34（3）：1062-1066.

[14] 王亚平，鲍征宇，侯书恩. 尾矿库周围土壤中重金属存在形态特征研究 [J]. 岩矿测试，2000，19（1）：7-13.

[15] 宋凤敏，张兴昌，王彦民，等. 汉江上游铁矿尾矿库区土壤重金属污染分析 [J]. 农业环境科学学报，2015，34（9）：1707-1714.

第 4 章
土壤铀赋存形态及外源铀转化机制研究

土壤中铀的环境效应并不取决于其总量，而主要受其在土壤中的赋存形态控制。梁连东[1]等学者的研究中明确了形态分布与活性关系，指出可交换态（包括水溶态）和碳酸盐结合态铀为活性铀；有机质结合态和无定型铁锰氧化物/氢氧化物结合态铀称为潜在活性铀；晶质铁锰氧化物/氢氧化物结合态和残渣态的铀为惰性态铀，其中，活性态铀和潜在活性铀都是易被生物吸收的形态，因此会对环境构成威胁；惰性态铀在短时间范围内不会对环境构成威胁。厘清土壤中铀的赋存特征对研究土壤中铀的迁移转化机制具有重要作用。

4.1 土壤铀化学形态分布特征

4.1.1 剖面土壤中铀形态分布特征

本书选择研究区几个典型（铀含量差异较大）的采样点，对剖面土壤不同深度的铀形态进行分析，分别采集了 $0 \sim 10$ cm、$10 \sim 20$ cm、$20 \sim 40$ cm、$40 \sim 60$ cm、$60 \sim 80$ cm、$80 \sim 100$ cm 深度的土壤样品，结果如图 4.1 所示。

由图 4.1 可见，不同采样点的铀形态分布没有明显的规律，总体看，较深剖面层（$80 \sim 100$ cm）土壤铀的残渣态比例相对较高；但发现在铀含量相对较低的如 8 号、19 号、21 号、22 号采样点在接近地表层（$0 \sim 20$ cm）的土壤残渣态铀比例却明显偏高，原因为这些区域铀含量相对较低，说明受外界活动影响较小，铀以稳定态赋存；接近地表层土壤中可交换态、碳酸盐结合态和有机质结合态铀的分布差异较大，与铀总量在地表层的分布特征类似，这为研究土壤迁移转化过程提供了基础数据。

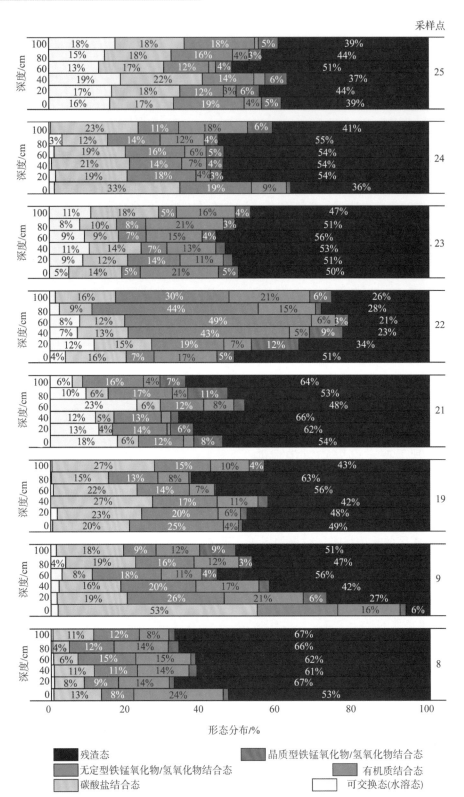

图 4.1　不同采样点剖面各形态铀分布图

4.1.2　表层土壤铀赋存形态特征

通过研究发现，在表层（0～20 cm）土壤铀赋存形态较深层土壤有较大差异，而表层土壤是铀富集行为的主要位置，因此有必要系统分析表层土壤中铀的赋存形态特征。由图4.2可知，不同采样点铀形态分布规律不明显，但发现在铀含量相对较低的如14号、17号、19号、21号、22号等采样点，残渣态铀比例明显偏高，原因为这些区域铀含量相对较低，说明受外界活动影响较小；大部分采样点表层土壤铀的残渣态比例较其他形态要高，是土壤中铀的主要形态；而活性态和潜在活性态铀的比例分布不均匀；总体看铀的形态分布呈现不均匀，这与其在这些形态中的结合力不同有关；同时，在表层土壤中，由于受外界环境影响，土壤中有机质及剖面土壤矿物组成的含量差异较大，这也导致铀在不同采样点赋存形态相对不均匀。

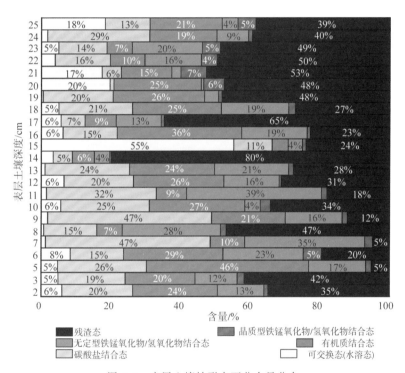

图4.2　表层土壤铀形态百分含量分布

4.1.3　根际土壤铀赋存形态特征

根际土壤对植物生长的影响最为直接，故研究根际土壤铀赋存形态特征尤其必要，如图4.3所示，不同采样点根际土壤铀形态分布特征同表层土壤相似，也没有明显规律，但总体看，根际土壤铀的赋存形态中，活性铀和潜在活性铀的比例明显偏高，特别是有机质结合态的比例偏高比较明显，这与根际土壤性质有关，研究中发现，根际土壤的有机质含量均较剖面其他土壤高。

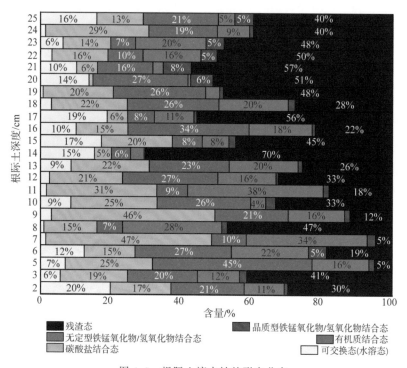

图 4.3　根际土壤中铀的形态分布

4.1.4　根际土与非根际土铀赋存形态分布对比分析

图 4.4 为根际土和非根际土中各形态铀的含量对比及差异显著性检验结果，分析可知，根际土的铀在可交换态、碳酸盐结合态、有机质结合态这几个形态中赋存的比例要比非根际土中这些形态铀的赋存比例高；无定型铁锰氧化物/氢氧化物结合态的比例在两种土中比较接近；而其他铀赋存形态根际土要比非根际土壤中的百分含量低。总体看，偏活性态铀在根际区的赋存较多。另外，根际土壤和非根际土壤中各形态铀的含量在 0.05 水平上显示差异极显著，可见，根际环境对铀的迁移转化行为影响很大，这也为铀污染土壤的生物修复技术应用奠定了基础[2-4]。

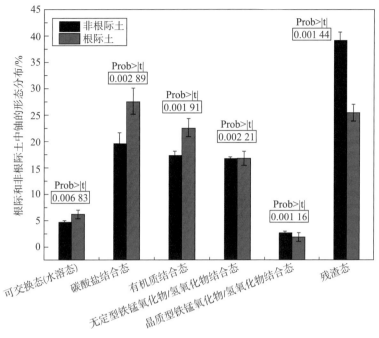

图 4.4 根际土与非根际土铀形态分布

4.2 铀活性与土壤性质的相关性

4.2.1 土壤中铀的活性分布特征

本研究选择不同区域,且铀含量差异较大的采样点进行铀活性分布特征分析,几个典型采样点铀的活性分布特征如图 4.5 所示。由 3.1.2 可知,图中 7 号、9 号、11 号和 13 号采样点铀含量相对较高,而 19 号和 22 号采样点铀含量接近背景值。分析图 4.5 可见,不同采样点活性态分布与采样点铀含量有一定的相关性;图中显示,铀含量较低的 19 号和 22 号采样点惰性态铀比例明显偏高,原因为这两个采样点区域距离尾矿坝较远;而高铀含量的 7 号、9 号、11 号和 13 号采样点活性铀和潜在活性铀比例最高,原因可能为该区域土壤主要受铀尾矿库区域大气酸沉降的影响,使得活性铀比例偏高,对环境构成潜在危害。

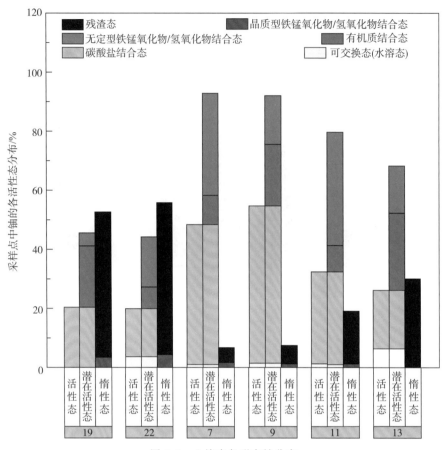

图 4.5　土壤中各形态铀分布

4.2.2　活性态铀与土壤性质的相关性

通过 SPSS 软件分析活性铀与土壤性质的相关性，结果见表 4.1，分析可知：可交换态和碳酸盐结合态铀均与 pH 呈负相关；碳酸盐结合态、有机质结合态铀与有机质呈显著正相关，与 Fe_2O_3、Al_2O_3 呈负相关，其中有机质结合态与 Fe_2O_3 呈显著负相关；无定型铁锰氧化物/氢氧化物结合态铀与 Fe_2O_3、MnO 呈正相关。可见，pH 和有机质是影响铀赋存形态分布的主要因素，另外 MnO、Fe_2O_3 和 Al_2O_3 对铀的赋存形态也有一定的影响。目前，针对铀赋存形态特征与土壤性质各因素关系的研究还很欠缺，而这对厘清土壤中铀赋存形态机制具有重要意义，相关问题的解决还需后续的研究工作进行分析和探讨。

表 4.1　活性铀与土壤性质的相关性

	可交换态	碳酸盐结合态	有机质结合态	无定型铁锰氧化物/氢氧化物结合态
MnO	0.279	0.269	0.182	0.325
Al₂O₃	−0.399	−0.105	−0.118	−0.166
Fe₂O₃	0.092	−0.383	−0.493*	0.353
P₂O₅	0.213	0.175	0.115	0.283
pH	−0.471*	−0.321	0.394	0.339
有机质	−0.246	0.551**	0.436*	0.486*

注：＊＊　在 0.01 水平（双侧）上显著相关。

　　＊　在 0.05 水平（双侧）上显著相关。

4.3　外源铀在土壤中的形态转化机制

4.3.1　各形态铀比例随培养时间的动态变化

本研究区域的主要作物为水稻，本书以培养试验模拟水稻淹水条件，研究了在淹水条件下铀在土壤中形态转化的动态过程，以期分析土壤中铀赋存形态的转化机制。表 4.2 为在不同添加浓度的外源铀条件下，铀进入土壤后在淹水条件下不同培养时间各形态铀的分布。

（1）可交换态铀随时间的动态变化

可交换态铀随时间的动态变化如图 4.6 所示，由图可见，交换态铀的比例随着培养时间增长而降低。在培养 30 d 左右，交换态铀的比例下降 5％左右，从培养的过程中可以看出，在前 30 d 内铀交换态分布变化比较快；在高浓度铀添加水平下，交换态铀在培养后 30 d 内变化较慢，后面 70 d 转化速度较快。也有学者做了相关研究，如 Kashem[5] 等人的研究发现，淹水对降低水稻土中镉、镍、锌的生物有效性具有重要作用，特别是在洪水期间，可溶和可交换的镉、镍和锌浓度显著降低，镉和锌的氧化物和有机质形态均有少量增加；Ge[6] 等在研究淹水土壤中镉活性的控制机理时得出，氧化铁的还原溶解导致固相中铁的重新分布，促使镉转化为低活性组分；也有报道在 30 d 内，加入土壤中的交换态重金属有 17％的比例转化为 EDTA 可提取态及残渣态[7]。

表 4.2 淹水下外源铀在土壤中的形态

外源铀添加量/(mg·kg⁻¹)	时间/d	可交换态/%	碳酸盐结合态/%	有机质结合态/%	(铁锰氧化物)氢氧化物结合/%	残渣态/%	总量(分步提取)/(mg·kg⁻¹)	总量(一步全溶)/(mg·kg⁻¹)
5	5	30.76±0.09a	10.39±0.40c	18.17±0.78c	17.96±0.73c	22.73±0.35a	7.05	7.48
	30	26.19±0.67b	13.32±0.74b	19.58±0.13bc	18.40±0.54bc	22.53±0.49a	7.08	7.35
	50	22.96±0.64c	14.91±0.39a	20.02±0.72b	19.64±0.67b	22.48±0.35a	7.11	7.19
	80	20.22±0.70d	14.80±0.35a	20.20±0.74b	21.74±0.43a	23.06±0.82a	6.95	7.06
	100	17.08±1.22e	15.67±0.46a	21.78±0.30a	22.89±0.25a	22.59±0.21a	6.92	7.07
10	5	32.15±0.24a	11.14±0.04d	15.25±0.91b	20.23±0.35d	21.24±0.35a	12.20	12.65
	30	27.96±0.42b	13.36±0.52c	16.01±0.09ab	21.28±0.38c	21.40±1.24a	12.11	12.54
	50	25.31±0.14c	14.48±0.41b	16.20±0.16ab	24.05±0.16b	19.97±0.06a	11.98	12.21
	80	23.86±0.23d	15.65±0.13a	15.95±0.08ab	24.63±0.42b	19.93±0.02a	11.77	11.98
	100	20.22±0.29e	16.27±0.39a	16.70±0.34a	25.95±0.17a	20.88±0.16a	11.84	12.05
20	5	35.79±1.46a	14.56±0.78c	9.58±0.61b	19.61±0.52b	20.47±1.37a	21.87	22.58
	30	33.32±0.93a	16.26±0.66bc	10.14±0.75b	21.03±0.45b	19.25±1.30a	21.96	21.44
	50	29.81±0.85b	17.29±0.57b	10.49±0.46b	24.19±1.03a	18.23±0.28a	21.93	22.36
	80	25.55±0.70c	18.98±0.65ab	11.45±0.71ab	24.62±0.23a	19.41±0.41a	21.43	21.79
	100	21.35±0.62d	20.53±0.66a	12.89±0.29a	24.83±0.10a	20.42±0.43a	20.81	21.67
80	5	39.45±0.53a	14.17±0.45d	12.40±0.44b	15.15±1.08c	18.84±0.57b	80.75	82.21
	30	36.21±0.93b	15.52±0.66c	12.57±0.71b	16.06±1.06bc	19.65±1.24ab	81.02	82.86
	50	32.48±0.66c	16.44±0.52c	14.05±0.52b	17.33±0.37b	19.72±0.02ab	80.18	80.52
	80	25.81±0.83d	18.77±0.39b	16.36±0.71a	19.16±0.56ab	19.92±0.59ab	80.87	81.47
	100	19.94±0.81e	20.26±0.37a	17.92±0.81a	20.80±0.18a	21.09±1.06a	81.78	82.35

注：每个不同外源铀添加量实验组内，同一列不同字母表示各个不同培养时间之间差异显著（$P<0.05$）。

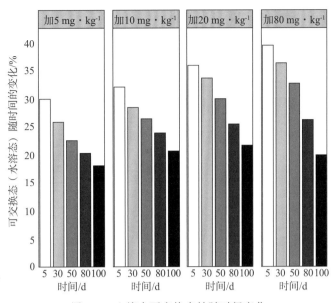

图 4.6 土壤中可交换态铀随时间变化

（2）碳酸盐结合态铀随时间的动态变化

图 4.7 为碳酸盐结合态的比例随培养时间的动态变化，从图中可见，总体呈现上升的趋势，初步表明进入土壤中的铀随时间的变化由交换态转化为碳酸盐结合态，但转化速度较慢，最大增加比例不足 5%，说明可交换态向碳酸盐结合态转化的速度大于碳酸盐结合态向其他形态转化的速度。有学者研究表明[8-9]，土壤中的碳酸盐可通过表面吸附或沉淀对重金属具有固持作用，致使培养初期可交换态重金属向碳酸盐态的转化速度要大于碳酸盐结合态向其他形态的转化速度，其结论与本研究结果一致。

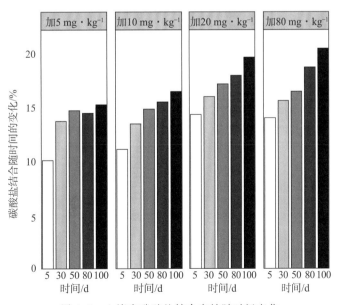

图 4.7 土壤中碳酸盐结合态铀随时间变化

（3）有机质结合态铀随时间的动态变化

有机质结合态铀随时间的动态变化如图 4.8 所示，由图 4.8 可见，有机质结合态随培养时间的延长而逐渐增加。有研究表明[10]，有机结合态与有机质含量呈正相关，淹水条件下，促进了有机质活性点位的增加，有利于形成有机－金属配合物，本研究土壤的有机质含量较高，实验结果可能与此相关。

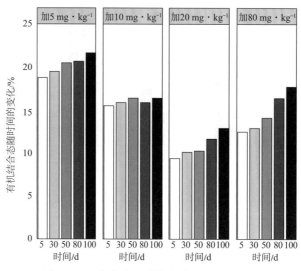

图 4.8　土壤中有机质结合态铀随时间变化

（4）铁锰氧化物/氢氧化物结合态铀随时间的动态变化

从图 4.9 可见，铁锰氧化物/氢氧化物结合态铀含量比例随着培养时间呈缓慢升高趋势，土壤中的铁锰氧化物对土壤中重金属具有吸持作用，由于研究土壤中氧化铁和氧化锰含量较高，因此促进了向铁锰氧化物结合态的转化。

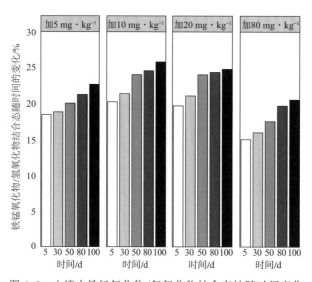

图 4.9　土壤中铁锰氧化物/氢氧化物结合态铀随时间变化

（5）残渣态铀随时间的动态变化

在实验过程中，残渣态铀比例在培养土壤中变化不大。有学者在重金属的研究中发现[9-10]，在淹水培养条件下，因培养时间短及处于还原性环境，金属离子较难进入土壤矿物的晶格中，因此残渣态在培养时间内保持相对稳定状态，如图 4.10 所示。

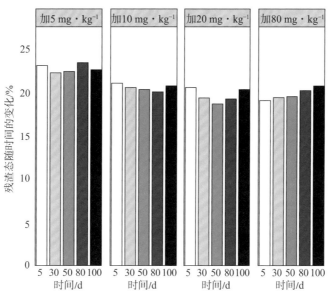

图 4.10　土壤中残渣态铀随时间变化

4.3.2　外源铀添加水平对铀形态分布的影响

100 d 培养结束后，外源铀添加水平对铀形态分布的影响结果见图 4.11，结果表明，外源铀的添加量也会影响土壤铀的形态分布，在较低添加量水平内（5～20 mg·kg^{-1}），活性态铀的比例随外源铀输入水平的提高而增加，且趋势明显；潜在活性态铀总体随外源铀输入水平的提高而降低，其中，有机质结合态减小的幅度尤其大，在 0.05 水平下呈显著性下降趋势；残渣态铀的比例总体随加入量的增加而降低；高含量（80 mg·kg^{-1}）添加水平下，活性态和潜在活性态铀向残渣态铀的转化更慢，与低浓度添加水平趋势不一致。有研究指出[11-12]，重金属各形态的含量和分布与其总量有一定的关系，淹水培养下，外源重金属的浓度越高，其进入土壤后向残渣态转变的时间越长，这与本分析结果一致。

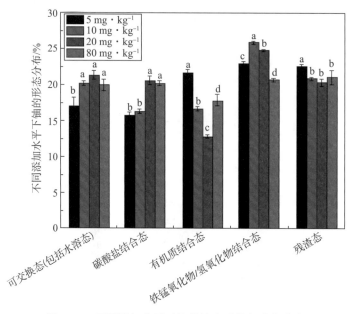

图 4.11　不同添加水平下培养结束后铀各形态分布

4.3.3　淹水条件下对铀形态分布影响的机理分析

（1）淹水培养过程中铀形态变化模拟

淹水培养过程中 pH 的变化如图 4.12 所示，由图可见，pH 随培养时间的延长而呈增高趋势，pH 变化范围为 4.5～5.9。

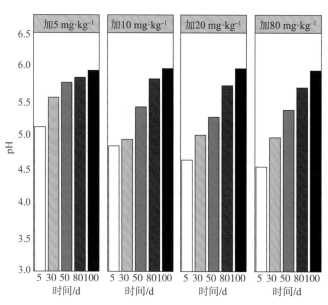

图 4.12　淹水培养土壤 pH 变化

通过 Visual Minteq3.1 模拟了土壤溶液 pH 为 4～6 范围内的铀形态变化（见图 4.13），结果表明，在本实验的 pH（pH 4.5～5.9）范围内，溶液中铀的主要物种形态为 UO_2^{2+}、UO_2SO_4（aq）、UO_2OH^+、UO_2CO_3（aq），且随 pH 升高，环境中富含 OH^- 离子，UO_2^{2+} 减少，可见，交换态和水溶态铀随 pH 升高而降低，碳酸盐结合态和氢氧化物结合态铀随 pH 升高而呈增加的趋势，模拟计算结果与本实验结果保持一致。

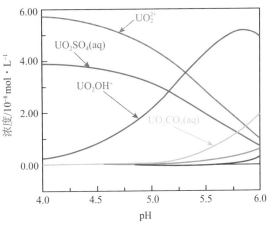

图 4.13　土壤溶液不同 pH 铀的形态变化

（2）淹水培养过程中土壤形貌变化

淹水培养过程中土壤形貌变化如图 4.14 所示，从图（a）可看出，实验原土表面存在大量不规则多孔结构，孔隙的存在增大了土壤的表面积，暴露出更多的吸附位点；对比（a）和（b）（c）（d）可知，随着培养时间的延长，表面不规则状态逐渐减少，孔隙也逐渐减少。这主要是在培养过程中伴随着铀形态的转化，可交换的 UO_2^{2+} 离子逐渐与土壤孔隙结构中的无机胶体和有机功能基团结合，进而改变土壤表面形貌。

（a）原土　　　　　　　　　　（b）培养50 d

（c）培养80 d　　　　　　　　（d）培养100 d

图 4.14　淹水培养土壤扫描电镜图

（3）淹水培养过程中土壤官能团变化分析

图 4.15 所示为淹水培养过程中土壤的红外光谱图。分析可知，淹水培养过程中引起的土壤结构变化不大，谱峰无明显变化，仅少数位置出现了位移。由图可见，淹水培养后波数由 3442 cm^{-1} 附近向低波数 3439 cm^{-1} 左移，由 1636 cm^{-1} 附近向低波数 1628 cm^{-1} 左移，由 1886 cm^{-1} 附近向低波数 1880 cm^{-1} 移动，峰形变窄，峰强减弱；对谱图进行解析可知波长为 3442 cm^{-1} 附近可能为—OH、N—H 的伸缩振动峰，1880 cm^{-1} 附近可能为酸酐（RCO）$_2$O，1630 cm^{-1} 附近可能为 C=O 及 C=C 的伸缩振动峰，培养后吸收峰发生部分位移，可能是由于羟基、氨基等基团结合的 H$^+$ 被 UO$_2^{2+}$ 取代而引起峰的位移。

从图中可以看出，随着培养时间的延长，在 1030 cm^{-1} 和 800 cm^{-1} 附近均出现强吸收峰，原因为 U—O 特征峰在这段谱峰区间，可见，这是随培养时间的延长铀形态转化作用的结果。

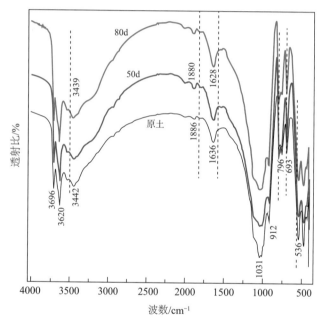

图 4.15　淹水培养土壤红外光谱图

4.4　小结

（1）本章分析测定了几个主要农田土壤采样点不同深度的土壤铀形态，可知，不同采样点的铀形态分布没有明显的规律；同一采样点剖面上，较深剖面层土壤铀的残渣态分布相对稳定，接近地表层土壤中可交换态、碳酸盐结合态和有机质结合态铀的分布差异较大。

（2）表层土壤铀赋存形态较深层土壤有较大差异，大部分采样点表层土壤铀在残渣态含量最高，是土壤中铀的主要赋存形态；而在表层土壤中，由于受外界环境影响较大，土壤中活性态铀分布差异较大。

（3）根际土壤铀的赋存形态中，除可交换态外，其他活性态铀比例明显偏高，特别是有机质结合态的比例偏高比较明显，原因为根际土壤的有机质含量均较剖面其他土壤高，活性态铀在根际区的赋存较多。

（4）不同采样点活性态铀分布与采样点铀含量有一定的相关性，高铀含量的采样点活性铀比例也偏高，pH 和有机质是影响铀赋存形态的主要因素，另外 MnO、Fe_2O_3、Al_2O_3 对铀的赋存形态也有一定的影响。

（5）模拟研究淹水条件下，不同浓度水平的铀在土壤中形态转化的动态过程，研究表明：交换态铀的比例随着培养时间降低，碳酸盐结合态的比例随培养时间总体呈现上升的趋势，有机质结合态铀的比例随着培养时间的增长缓慢上升，铁锰氧化物/氢氧化物结合态铀比例随着培养时间呈升高趋势，残渣态铀比例在农田土壤中变化不大。

（6）淹水培养过程中铀形态转化机理分析：淹水培养过程中 pH 随培养时间的延长缓慢升高；随培养时间的延长，土壤表面孔隙度逐渐降低，在 $1030\ cm^{-1}$ 和 $800\ cm^{-1}$ 附近均出现强吸收峰。

参考文献：

［1］梁连东，冯志刚，马强，等. 湖南某铀尾矿库中铀的赋存形态及其活性研究［J］. 环境污染与防治，2014，36（2）：11-14.

［2］Bi C J，Chen Z L，Zheng X M，et al. Research progress in geochemical activities and bioavailability of heavy metals in rhizosphere environment［J］. Advance in Earth Sciences，2001，16（3）：387-393.

［3］Wei J，Liu X，Zhang X，et al. Rhizosphere effect of scirpus triqueter on soil microbial structure during phytoremediation of diesel-contaminated wetland［J］. Environmental Technology，2014，35（1-4）：514-520.

［4］Hu N，Zheng J F，Ding D X，et al. Screening of native hyperaccumulators at the huayuan river contaminated by heavy metals［J］. Bioremediation Journal，2013，17（1）：21-29.

［5］Kashem M A，Singh B R. Transformations in solid phase species of metals as affected by flooding and organic matter［J］. Communications in Soil Science and Plant Analysis，2004，35（9-10）：1435-1456.

［6］Ge Y，Huang D D，Zhou Q S. Influence of organic material addition on the variation of Cd activity in submerged soils［J］. China Environmental Science，2009，29

(10)：1093-1099.

[7] Ma Y B, Uren N C. Transformations of heavy metals added to soil-application of a new sequential extraction procedure [J]. Geoderma, 1998, 84 (s 1-3)：157-168.

[8] Madrid L, Diaz-Barrientos E. Influence of carbonate on the reaction of heavy metals in soils [J]. European Journal of Soil Science, 2010, 43 (4)：709-721.

[9] Lu A, Zhang S, Shan X Q. Time effect on the fractionation of heavy metals in soils [J]. Geoderma, 2005, 125 (3)：225-234.

[10] Jalali M, Khanlari Z V. Effect of aging process on the fractionation of heavy metals in some calcareous soils of Iran [J]. Geoderma, 2008, 143 (1)：26-40.

[11] Zhou D M, Hao X Z, Tu C, et al. Speciation and fractionation of heavy metals in soil experimentally contaminated with Pb, Cd, Cu and Zn together and effects on soil negative surface charge [J]. 环境科学学报（英文版），2002，14 (4)：439-444.

[12] Ramos L, Hernandez L M, Gonzalez M J. Sequential fractionation of copper, lead, cadmium and zinc in soils from or near Doñana National Park [J]. Journal of Environmental Quality, 1994, 23 (1)：50-57.

第 5 章
铀在研究区农田土壤上的吸附行为研究

目前，我国部分地区农田土壤的铀污染现状不容乐观，生态环境与人类生活环境面临的形势十分严峻，而铀污染环境行为的焦点一般是铀在食物链中积累与传递，被污染农田土壤中的铀可以直接通过淋溶进入地表水和地下水，直接威胁着人类健康。污染程度就取决于铀在土壤中的浓度，而土壤中铀的浓度受到土壤对铀吸附能力的影响，影响着铀的迁移过程及生物有效性。因此，为了有效地对土壤铀污染进行控制与防治，首先需要研究土壤吸附铀的行为受哪些因素的影响，故以研究区土壤为吸附剂，设置不同铀初始浓度、吸附时间、初始 pH 等吸附条件，采用静态实验来探究各因素对土壤吸附铀的影响，并为探明土壤中铀的迁移机制提供参考依据。

5.1 农田土壤吸附铀的影响因素

5.1.1 pH 对土壤吸附铀的影响

在 pH 分别为 2.0、3.0、4.0、5.0、5.6、6.0、7.0、8.0 条件下，探究 pH 对土壤吸附铀的影响，结果如图 5.1 所示。由图 5.1 可知，当 pH 小于 5.0 时，吸附率和吸附量均随 pH 的增加而迅速升高；在 pH 为 5.6 时吸附率为 98.3%、吸附量为 0.196 6 mg·g^{-1}，达到最大吸附，随后逐渐下降，可见，酸雨条件下，促进了土壤对铀的吸附；到 pH 7.0~8.0 附近逐渐趋于稳定，在 pH 为 8.0 时，吸附率仅为 15.4%，吸附量为 0.030 8 mg·g^{-1}。

采用 Visual Minteq 模拟了不同 pH 下土壤溶液中铀的物种分布，如图 5.2 所示。由图 5.2 可见，当 pH<4.0 时，铀在溶液中多以 UO_2^{2+} 的形式存在（>95%），在 pH 4.0~7.0 之间主要为 UO_2^{2+}、UO_2OH^+、UO_2CO_3、$UO_2(OH)_2$ 和 $(UO_2)_2CO_3(OH)_3^-$，pH>7.0 时，主要存在形式为 $UO_2(CO_3)_2^{2-}$、$UO_2(CO_3)_3^{4-}$ 和 $CaUO_2(CO_3)_3^{2-}$，由此可知，铀在偏酸性环境中因 UO_2^{2+} 与 H^+ 形成竞争吸附，因而在土壤 pH 偏酸性时，吸附效果不好；随着土壤 pH 的上升，H^+ 离子的减少，UO_2^{2+} 与负电位位点的结合更容易，吸附率随之增加；当 pH>5.0 时，环境中富含 OH^- 离子，UO_2^{2+} 减少，且随 pH 升高，形成了 $UO_2(CO_3)_2^{2-}$、$UO_2(CO_3)_3^{4-}$、$CaUO_2(CO_3)_3^{2-}$ 和 $(UO_2)_2CO_3(OH)_3^-$ 等铀酰负离子，导致吸附率降低[1]。从实验结果分析，在 pH 5.0 左右，土壤对铀的吸

附能力最强，与模拟计算结果一致。

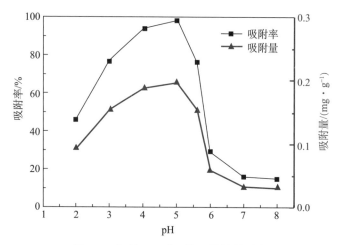

图 5.1　初始 pH 对土壤吸附铀的影响

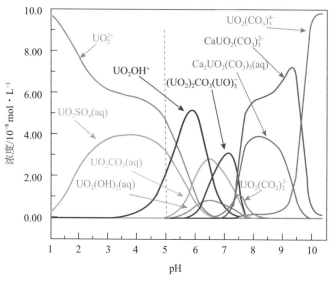

图 5.2　土壤溶液不同 pH 铀的形态分布

5.1.2　土壤对铀的等温吸附

选择不同初始铀浓度进行吸附实验，绘制等温吸附线，实验结果如图 5.3 所示。由图 5.3 可以看出，土壤对铀的吸附容量随平衡液铀离子浓度的增加而上升，在铀初始浓度为 20 mg·L^{-1} 之前，等温吸附曲线几乎为直线上升，但随着初始铀浓度的增加，曲线逐渐趋于平缓。其原因可能是，在低浓度的条件下，土壤的负电荷点位即吸附点位充足，但随着加入铀浓度的不断增大，吸附点位开始趋近饱和，吸附作用逐渐减少，导致土壤对铀的吸附能力开始下降，从而使土壤与溶液中的铀浓度形成动态平衡。

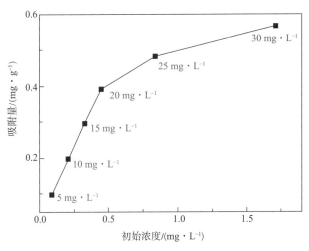

图 5.3 土壤吸附铀的等温吸附曲线

5.1.3 有机质对土壤吸附铀的影响

土壤有机质与吸附的关系实验结果如图 5.4 所示。由图 5.4 可见，未去除有机质时吸附率为 94%~98% 左右，去除有机质后吸附率为 76%~83% 左右，可见，有机质对吸附能力有一定的影响。

Semi[2]等人研究了有机物（OM）去除铀的机理，结果表明，在有机质存在的条件下，铀有很强的吸附能力，在没有 OM 的情况下，铀主要在 pH 5.0 条件下存在（和本实验条件一致）UO_2OH^+ 和 UO_2CO_3 两种铀酰离子的吸附，吸附能力减弱；在腐殖酸（HA）存在下，由于络合作用，铀在酸性范围内的吸附量增加，对铀吸附的影响最大，可见有机质的存在会对吸附铀有促进作用，且发现有机质和 pH 在酸性条件下对吸附铀具有倍增效果，这与本研究结果基本一致。

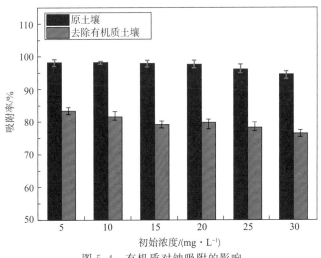

图 5.4 有机质对铀吸附的影响

5.1.4 磷酸盐对吸附的影响

在分别选取 100 目添加磷酸盐的土壤样品和未添加磷酸盐土壤 0.5 g，初始 pH 为 5.0，吸附时间为 8 h，温度为 25 ℃ 的条件下，选用初始铀浓度分别为 5 mg·L^{-1}、10 mg·L^{-1}、15 mg·L^{-1}、20 mg·L^{-1}、25 mg·L^{-1}、30mg·L^{-1}，测定磷酸盐对土壤吸附铀的影响。以初始铀浓度为横坐标，吸附率为纵坐标作图，吸附率实验结果如图 5.5 所示。

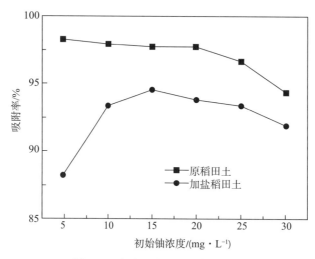

图 5.5　磷酸盐对铀吸附率的影响

在初始铀浓度分别为 5 mg·L^{-1}、10 mg·L^{-1}、15 mg·L^{-1}、20 mg·L^{-1}、25 mg·L^{-1}、30mg·L^{-1} 时，未加磷酸盐土壤对铀的吸附率分别为 98.24%、97.92%、97.81%、97.76%、96.64%、94.31%，添加磷酸盐土壤对铀的吸附率分别为 88.16%、93.40%、94.44%、93.84%、93.29%、91.85%。由图 5.5 可见，当对土壤添加磷酸盐后，土壤对铀的吸附能力明显下降。可能是磷酸盐主要是通过静电力作用以外层配合物的形式被吸附到土壤表面，抑制土壤对铀的吸附。

5.1.5 重金属离子对吸附的影响

在选取 100 目土壤样品 0.5 g，初始 pH 为 5.0，吸附温度为 25 ℃，初始铀浓度和重金属浓度均为 10 mg·L^{-1} 的条件下，设置吸附时间分别为 0.5 h、1 h、1.5 h、2 h、4 h、8 h，研究不同吸附时间下，重金属离子 Cd、Cu、K、Pb、Zn 分别对土壤吸附铀的影响。以时间为横坐标，吸附率为纵坐标作图，吸附率实验结果如图 5.6～图 5.10。

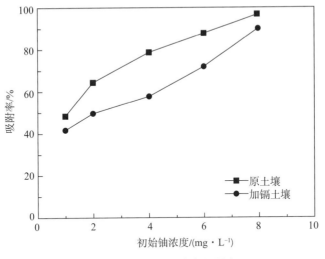

图 5.6　镉对铀吸附率的影响

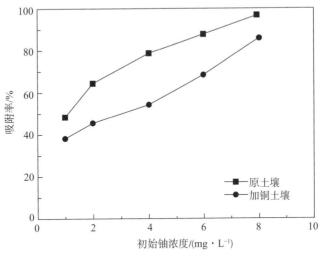

图 5.7　铜对铀吸附率的影响

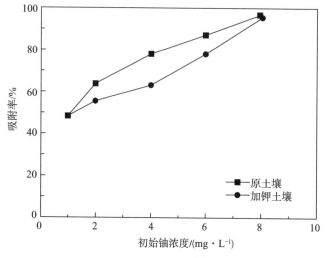

图 5.8 钾对铀吸附率的影响

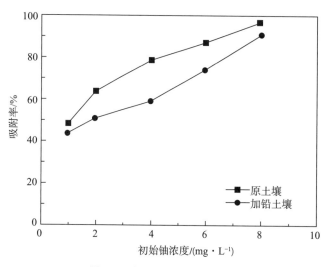

图 5.9 铅对铀吸附率的影响

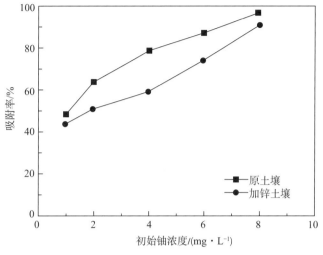

图 5.10　锌对铀吸附率的影响

由图 5.6～图 5.10 可以看出，在不同的吸附时间内，重金属离子 Cd、Cu、K、Pb、Zn 对土壤吸附铀的影响趋势大体相同，均抑制土壤对铀的吸附。因"吸附时间对铀吸附影响"的结论，确定 8 h 时土壤吸附铀达到吸附平衡，故对该组实验 8 h 时的吸附数据列表，进行详细分析，具体见表 5.1。

表 5.1　重金属离子对铀吸附率、吸附量的影响

重金属离子	吸附率/%	相对吸附率/%	吸附量/（mg・g^{-1}）
无	95.87	100	0.1917
Cd	89.55	93.41	0.1791
Cu	85.76	89.45	0.1715
K	95.75	99.87	0.1915
Pb	91.02	94.94	0.1820
Zn	91.51	95.45	0.1830

由表 5.1 可以看出，重金属离子影响的顺序为 Cu＞Cd＞Pb＞Zn＞K。其中 Cu 对土壤吸附铀影响最大，相对降低 10% 的吸附率；而 K 尽管也抑制土壤对铀的吸附，但基本上无干扰。其主要原因是在提供定量土壤的情况下，土壤表面的负电荷点位是一定的，而重金属离子均为阳离子，与铀酰离子产生竞争，竞争有限的负电荷点位，其影响能力可能与重金属离子的电荷数及离子半径有关，重金属的半径越大，越不利于土壤对铀酰离子的吸附；再加上已经占据负电荷点位的阳离子与铀酰离子之间产生静电斥力，土壤吸附铀酰离子的阻力变大，导致土壤对铀吸附的能力下降。

5.1.6 土壤粒径与吸附的关系

图 5.11 为土壤粒径与土壤吸附铀的关系，结果表明，随着土壤粒径的减小，土壤对铀的吸附率显著升高。Shang J[3]等人研究了美国华盛顿某地土壤吸附铀的实验，分为 4 个粒级（1～2 mm、0.2～1 mm、0.05～0.2 mm 和小于 0.05 mm），以研究它们对 U（Ⅵ）吸附/解吸的影响（与本实验设置的条件基本一致），结果表明 U（Ⅵ）的吸附速率随粒径的变化而变化，粒径越小，吸附速度越快，与本研究结果基本一致。

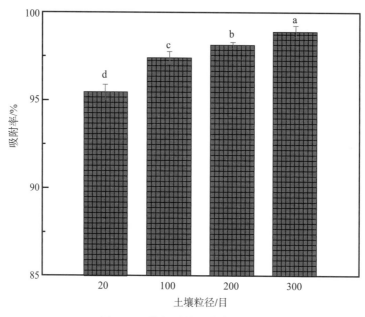

图 5.11　粒径对铀吸附率的影响

5.1.7 不同粒径下吸附时间的影响

在分别选取 100 目、200 目和 300 目的土壤样品各 0.5 g，初始 pH 为 5.0，吸附温度为 25 ℃，初始铀浓度为 10 mg·L^{-1} 的条件下，设置吸附时间分别为 0.5 h、1 h、1.5 h、2 h、4 h、8 h、16 h，研究不同吸附时间及土壤粒径对土壤吸附铀的影响。以时间为横坐标，吸附率为纵坐标作图，吸附率实验结果如图 5.12 所示。

由图 5.12 可见，土壤对铀的吸附率一方面随着吸附时间的增加而增大，另一方面随着粒径的减小，吸附率随之增大。在 100 目、200 目、300 目这三个粒径下，在 4 h 之前，随着吸附时间的增加，土壤对铀的吸附速度加快，吸附率增加的趋势显著；在 4～8 h 时，吸附率尽管随着时间的增大而增加，但是吸附率增加的速率明显降低，趋势变化较为平缓；当吸附时间在 8 h 时，100 目土壤对铀的吸附率为 95.87%，200 目土

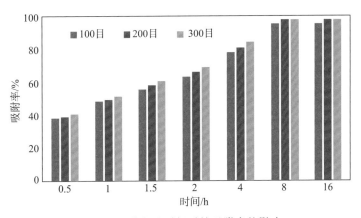

图 5.12　粒径和时间对铀吸附率的影响

壤对铀的吸附率为 97.81%；300 目土壤对铀的吸附率为 98.05%；而吸附时间在 16 h 时，100 目土壤对铀的吸附率为 96.36%，200 目土壤对铀的吸附率为 98.75%；300 目土壤对铀的吸附率为 99.02%，吸附率的增加均小于 1%，可认为在 8 h 时，三种不同粒径的土壤对铀的吸附已达到吸附平衡。

5.1.8　吸附温度的影响

设置吸附温度分别为 5 ℃、10 ℃、15 ℃、20 ℃、25 ℃、30 ℃、35 ℃，考察温度对土壤吸附铀的影响，实验结果如图 5.13。由图 5.13 可见，随着温度的不断上升，土壤对铀的吸附率与吸附量呈缓慢上升趋势，但变化趋势不明显，在温度升高至 7 倍时，吸附率仅增加 1.37%；随着温度的升高，土壤对铀维持着较高的吸附率与吸附量，说明温度提高对土壤吸附铀能力的提升有一定的促进，这与 Anirudhan[4] 等人的研究结果一致，Anirudhan 的研究中指出，提高温度后，铀酰离子的扩散速度提高，促进其与土壤表面负电荷的接触，有利于吸附作用。但考虑到土壤中有不同活性官能团的存在，在土壤吸附铀的行为中，这些官能团对温度的响应不一，因此，因为官能团的作用存在会削弱温度对吸附的影响效果。故虽然温度对铀的吸附有影响，但没有明显的影响。

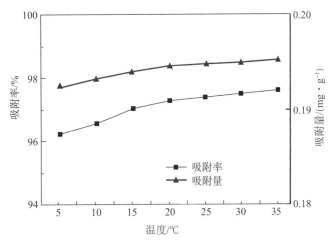

图 5.13　温度对铀吸附的影响

5.2 农田土壤对铀吸附的拟合

5.2.1 吸附平衡方程

吸附动力学是用来描述吸附剂吸附溶质的过程，即研究吸附过程中吸附速率与吸附质浓度之间的关系，研究吸附和脱附的动态平衡，探究各种因素对吸附质在溶液中扩散速度的影响。多孔隙吸附剂的吸附过程大多可以分为4个阶段：分别是容积扩散、膜扩散、颗粒内扩散及吸附质在吸附剂表面的吸附。一般来说，是由这4个阶段中速率最慢的一步起决定性作用，溶质转移至固相、液相边界层的容积扩散与吸附剂表面吸附这两个过程都非常快，颗粒内扩散速率和膜扩散速率则比较慢，所以该阶段成为控制吸附速率的关键过程。

为了研究固液之间的吸附类型、机理及过程，则必须对各吸附动力学模型进行拟合分析。本研究选用 Langmuir、Freundlich 及 Temkin 三个吸附等温线方程来进行拟合分析。

（1）吸附平衡方程

1）Langmuir 等温吸附方程式为：

$$\frac{1}{q_e} = \frac{1}{q_{max}} + \frac{K_L}{q_{max}} \cdot \frac{1}{C_e} \tag{5.1}$$

式（5.1）中：q_e 是不同初始铀浓度下的吸附量，$mg \cdot g^{-1}$；q_{max} 是吸附平衡时的最大吸附量，通过 $1/q_e$ 对 $1/C_e$ 作图后所得直线的斜率和截距计算得到，$mg \cdot g^{-1}$；C_e 是吸附达平衡时溶液中铀浓度，$mg \cdot L^{-1}$；K_L 是与铀酰离子结合能相关的常数。

2）Freundlich 等温吸附方程式为：

$$\lg q_e = \lg K_F + \frac{1}{n} \cdot \lg C_e \tag{5.2}$$

式（5.2）中：q_e 是不同初始铀浓度下的吸附量，$mg \cdot g^{-1}$；C_e 是吸附达平衡时溶液中铀浓度，$mg \cdot L^{-1}$；K_F 是与铀酰离子结合能相关的常数；$1/n$ 是与吸附强度有关的参数，通过 $\lg q_e$ 对 $\lg C_e$ 作图后所得直线的斜率计算得到。

3）Temkin 等温吸附方程式为：

$$q_e = a \ln K_T + a \ln C_e \tag{5.3}$$

式（5.3）中：q_e 是不同初始铀浓度下的吸附量，$mg \cdot g^{-1}$；C_e 是吸附达平衡时溶液中铀浓度，$mg \cdot L^{-1}$；K_T 是与铀酰离子结合能相关的常数；a 是与吸附热有关的物理量，为吸附平衡常数。

（2）吸附等温模型拟合

将不同初始铀浓度下的吸附实验测得数据进行吸附等温方程拟合，以 $q^{-1} - C_e^{-1}$、

$\lg q_e - \lg C_e$、$q_e - \ln C_e$ 绘制等温方程曲线如图 5.14～图 5.16 所示，方程参数见表 5.2。

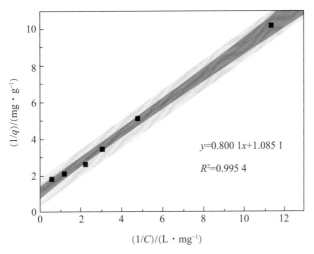

图 5.14　Langmuir 等温线模型

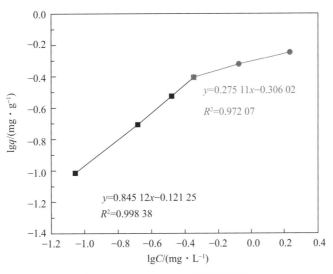

图 5.15　Freundlich 等温线模型

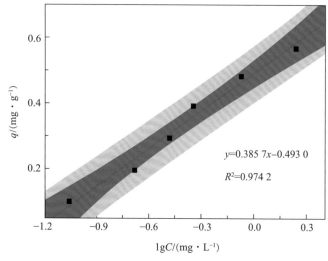

图 5.16　Temkin 等温线模型

表 5.2　等温吸附方程参数

等温吸附模型	Langmuir			Freundlich			Temkin		
相关参数	$q_{\max}$	K_L	R^2	$1/n$	K_F	R^2	a	K_T	R^2
结果	0.922	0.868	0.995 4	0.604	0.508	0.998 4 0.972 1	0.386	0.279	0.974 2

　　分析可知，Langmuir 等温线模型的相关性较好，相关系数为 0.995 4，说明 Langmuir 等温线模型可以很好地描述土壤吸附铀的过程，且属单分子层吸附；Freundlich 等温线方程分两段进行拟合更适合，发现吸附初期相关性较吸附后期要好，说明较低浓度时单分子层吸附占主要作用，进入后半段，也即高浓度时，进入多分子层吸附阶段；Temkin方程的相关系数 R^2 为 0.974 2，可见，拟合曲线具有良好的线性关系，说明存在化学吸附作用，而由于 Temkin 等温线没有通过原点，说明物理吸附也参与了吸附行为，由 Temkin 吸附等温线参数可知，土壤对铀的吸附过程为放热过程。

5.2.2　吸附动力学模型

　　根据相关文献资料，本研究选择准二级动力学模型和内扩散模型进行吸附动力学的拟合。

（1）动力学模型方程

1）准二级动力学模型方程

$$\frac{t}{q_t} = \frac{1}{K_2 q_2{}^2} + \frac{1}{q_2} \cdot t \qquad (5.4)$$

式（5.4）中：q_2 是平衡时的吸附量，mg·g^{-1}；q_t 是不同时刻下的吸附量，mg·g^{-1}；K_2 是准二级动力学过程中速率常数，g·(mg·min)$^{-1}$；t 是吸附时间，min。

2）内扩散模型方程

$$q_t = K_{int} t^{0.5} + C_2 \tag{5.5}$$

式（5.5）中：q_t——不同时刻下的吸附量，mg·g^{-1}；K_{int} 是内扩散模型吸附平衡速率常数，min^{-1}；t 是吸附时间，min；C_2 是吸附常数。

（2）动力学拟合

动力学拟合曲线如图 5.17、图 5.18 所示，模型参数见表 5.3，分析可知，准二级动力学模型拟合的相关系数为 0.997 7，呈显著相关，且模拟的最大吸附量为 0.208 mg·g^{-1}，与实验结果（0.199 7 mg·g^{-1}）拟合较好，可见，土壤吸附铀的动力学特征能较好地遵循准二级动力学模型。文献[5-6]介绍将内扩散曲线分为两段或多段进行拟合更符合实际情况，根据实验数据，本研究对内扩散动力学模型进行了两段拟合，拟合结果显示，两段拟合曲线均不过原点，说明吸附过程受其他吸附阶段的共同控制；在吸附前期，内扩散模型拟合曲线的线性关系更好，可知吸附的前半段也即吸附时间为 4 h 之前，此阶段主要是膜扩散控制，吸附速率快，另外伴随着界面吸附，导致作用迅速；吸附后期拟合结果相关性差，后段也即吸附时间为 4 h 之后主要是微孔吸附，此阶段主要是内扩散控制阶段，吸附速率比较慢。

表 5.3　土壤对铀吸附的动力学方程参数

动力学模型	准二级动力学模型			内扩散模型		
相关参数	q_2	K_2	R^2	q_t	K_{int}	R^2
数值	0.208	4.808	0.997 7	0.036	0.068	0.987 1 0.365 6

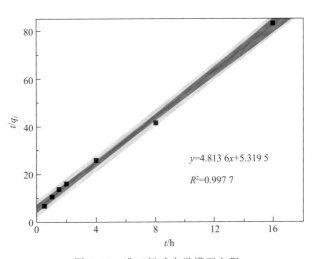

图 5.17　准二级动力学模型方程

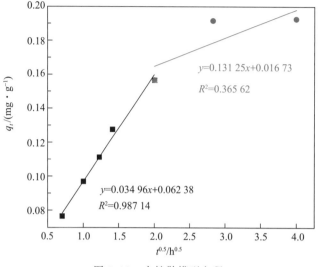

图 5.18　内扩散模型方程

5.2.3　吸附热力学

通过研究热力学各参数：标准反应熵变（ΔS^0），标准反应焓（ΔH^0）和标准吉布斯自由能（ΔG^0），分析吸附反应的状态特征，公式如下：

$$K_D = \frac{(C_0 - C_e) \cdot V}{m \cdot C_e} \tag{5.6}$$

$$\ln K_D = \frac{\Delta H^0}{RT} + \frac{\Delta S^0}{R} \tag{5.7}$$

$$\Delta G^0 = \Delta H^0 - T\Delta S^0 \tag{5.8}$$

式中：K_D 是固−液分配系数；C_0 是铀的初始浓度，$mg \cdot L^{-1}$；C_e 是吸附平衡时溶液中铀的浓度，$mg \cdot L^{-1}$；m 是土壤质量，mg；V 是溶液体积，mL；R 是理想气体常数，$8.314\ J \cdot (mol \cdot K)^{-1}$；$T$ 是绝对温度，K；ΔH_0 是标准反应焓变，$kJ \cdot mol^{-1}$；ΔS^0 是标准反应熵变，$J \cdot (mol \cdot K)^{-1}$；$\Delta G^0$ 是吉布斯自由能，$kJ \cdot mol^{-1}$。

图 5.19 为热力学相关曲线，计算参数结果见表 5.4。分析可知，吸附热力学模型相关系数为 0.941 68，为显著相关。在实验条件下，吉布斯自由能 ΔG^0 均小于 0，说明吸附反应可自发进行，且 ΔG^0 的绝对值基本没有变化，说明吸附基本不受温度的影响；土壤对铀的吸附反应过程中 ΔS^0 为 73.09 $J \cdot (mol \cdot K)^{-1}$，说明吸附过程中出现了熵增，土壤表面自由度变大，且由于 UO_2^{2+} 与土壤表面及内部吸附基团之间相互作用，可能导致随着温度升高，吸附反应中的活化能下降；标准反应焓变 $\Delta H^0 < 0$，绝对值为 11.139 $kJ \cdot mol^{-1}$，小于 40 $kJ \cdot mol^{-1}$，说明吸附反应过程以物理吸附为主。Mishra S[7] 等人为了了解铀的迁移速度，采用实验室批实验分析了某地土壤对铀的吸附动力学和吸

附热力学，结果显示：平均反应吸附能（E）为 7.7 kJ·mol^{-1}，反应吸附过程主要为物理吸附，该研究结果与本研究具有一定的可比性。

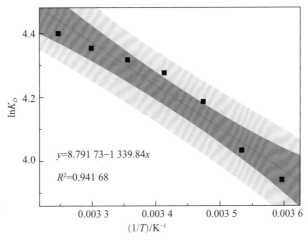

图 5.19 $\ln K_D$ 与 $1/T$ 关系曲线

表 5.4 吸附热力学参数

	T/K	$\Delta G^0/\text{kJ}\cdot\text{mol}^{-1}$	$\Delta S^0/\text{J}\cdot\text{mol}^{-1}\cdot\text{K}^{-1}$	$\Delta H^0/\text{kJ}\cdot\text{mol}^{-1}$
	278	−31.458		
	283	−31.823		
	288	−32.188		
热力学模型分析结果	293	−32.554	73.09	−11.139
	298	−32.919		
	303	−33.285		
	308	−33.650		

5.3 吸附过程铀赋存形态特征

5.3.1 吸附过程铀形态变化

设置吸附时间分别为 0.5 h、1 h、1.5 h、2 h、4 h、8 h、16 h 的批试验，实验基础条件如静态实验方法 2.3.5，吸附过程铀赋存形态分布特征如图 5.20 所示。结果表明，可交换态（水溶态）铀的比例随着吸附时间的延长逐渐提高；碳酸盐结合态、有机质结合态铀在选择的土样中比例较少，但总体随着吸附时间的延长呈增加的趋势；无定型铁锰氧化物/氢氧化物结合态铀随时间呈增加的趋势；而晶质铁锰氧化物/氢氧化物结合态铀含量较高，且随时间呈减少的趋势；残渣态铀的比例随着吸附时间的增大逐渐降低。总体上，随着吸附时间的延长，活性态铀的比例逐渐增加，非活性铀的比例呈减少的趋势，直至吸附 8 h 达到吸附平衡后形态分布趋于稳定，没有明显变化。

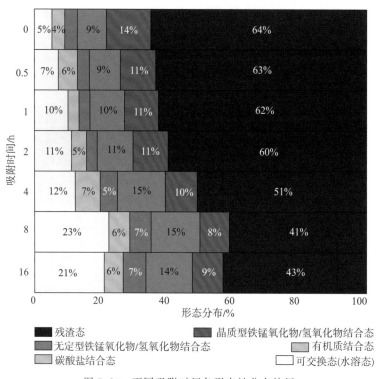

图 5.20　不同吸附时间各形态铀分布特征

5.3.2　吸附过程铀赋存形态相关性分析

应用 SPSS 软件，分析各吸附时间土壤铀形态之间的相关关系，结果如表 5.5 所示。由表 5.5 可知：铀各形态间的相关程度不同，其中，铀的可交换态（水溶态）与其他铀活性态呈正相关，与惰性态呈负相关；碳酸盐结合态也与其他铀活性态呈正相关，与惰性态呈负相关；铀的有机质结合态与无定型铁锰氧化物/氢氧化物结合态相关性为正，与惰性态呈负相关；铀的无定型铁锰氧化物/氢氧化物结合态与惰性态呈负相关；两个惰性态铀间呈正相关。分析可知，吸附过程中，外源（或污染）铀主要以活性铀形态存在，故环境危害较大。关于吸附过程铀形态的变化特征还未见相关研究，本论文也是初步的探讨，而吸附作用与铀形态的关系对深入探讨吸附机理具有重要意义，后续还需这方面的深入研究。

表 5.5 铀形态的相关性分析

	可交换态	碳酸盐结合态	有机质结合态	无定型铁锰氧化物结合态	晶质铁锰氧化物结合态	残渣态
可交换态	1					
碳酸盐结合态	0.449	1				
有机质结合态	0.855*	0.647	1			
无定型铁锰氧化物结合态	0.872*	0.738	0.862*	1		
晶质铁锰氧化物结合态	−0.862*	−0.595	−0.662	−0.864*	1	
残渣态	−0.963**	−0.635	−0.943**	−0.947**	0.831*	1

注: ** 在 0.01 水平（双尾），相关性显著。

　　 * 在 0.05 水平（双尾），相关性显著。

5.4 农田土壤吸附铀的机理分析

5.4.1 扫描电镜（SEM）分析

本研究利用 Nova NanoSEM 450 型高分辨场发射扫描电镜进行土壤形貌表征如图 5.21 所示，其中，（a）为原土壤吸附前的形貌；（b）为原土壤吸附后的形貌；（c）为去除有机质的土壤吸附前的形貌；（d）为去除有机质的土壤吸附后的形貌。

由图 5.21 中可以看出，原土表面存在大量不规则多孔结构，暴露出更多的吸附位点，为 UO_2^{2+} 等提供足够的吸附空间及通道；对比（a）原土壤吸附前的形貌和（b）原土壤吸附后的形貌，发现吸附后表面不规则状态逐渐减少，孔隙也逐渐减少，这主要是在吸附过程中伴随着铀形态的转化，可交换的 UO_2^{2+} 离子逐渐与土壤孔隙结构中的无机胶体和有机功能基团结合，进而改变土壤表面形貌。

对比（a）原土壤吸附前的形貌和（c）去除有机质的土壤吸附前的形貌，发现，去除有机质之后，原土壤表面存在大量不规则多孔结构明显减少。观察（d）去除有机质的土壤吸附后的形貌发现，吸附铀后孔隙大部分被填平，铀酰离子吸附在这些不规则结构上积聚而变大，使表面呈现较大不规则结构，可见，有机质对土壤吸附性能有重要影响。

图 5.21　土壤的 SEM 图

5.4.2　红外光谱（FTIR）分析

红外分析光谱见图 5.22，其中 1 号为原土壤吸附前；2 号为去除有机质的土壤吸附前；3 号为原土壤吸附后；4 号为去除有机质的土壤吸附后。

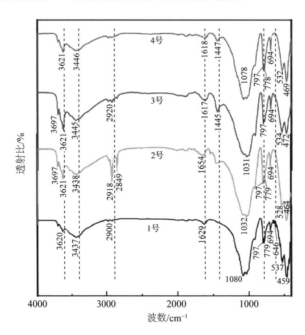

图 5.22　土壤的 FTIR 图

对比图中 1 号和 2 号红外光谱曲线可知，去除有机质后，—OH 引起的伸缩振动峰 $3620\ cm^{-1}$ 向高波数移动且峰强增大，总体看去除有机质前后土壤红外光谱变化不大。

分别对比图中 1 号原土壤吸附前与 3 号原土壤吸附后、2 号去除有机质的土壤吸附前与 4 号去除有机质的土壤吸附后的光谱线，可见，吸附后，一些谱峰出现了位移，同时也有新的谱带出现。原土壤吸附前后峰形峰强基本不变，而去除有机质土壤吸附后峰强减弱程度较大，峰形变平；原土壤及去除有机质土壤吸附后 C=O、C=C 伸缩振动峰分别移至低波数 $1618\ cm^{-1}$ 附近；原土壤和去除有机质土壤吸附后均在 $1445\ cm^{-1}$ 有新的吸收谱线，且吸收峰很强，分析可知这个区域可能是 C—H 基团变形振动吸收峰。

U—O 吸收峰通常在 $800\sim1100\ cm^{-1}$ 区间，因样品中铀是痕微量的，引起的吸收峰很难显现出来，会被此区域内产生的 Si—O、C—O 等的强吸收峰覆盖，但是因吸附过程中 UO_2^{2+} 可能会取代 —OH、—COOH 等基团上的 H^+，而取代出的 H^+ 与含碳化合物结合，致使吸附后出现 C—H 变型振动吸收峰。

从光谱图可见，对比去除有机质前后基团的变化，土壤有机质中的极性基团，使土壤表面带有大量负电荷，进而使土壤对 UO_2^{2+} 产生静电吸附，决定着土壤对铀的吸附能力。

5.4.3　土壤颗粒粒径分析

本研究采用 Mastersizer 2000 型激光粒度仪分析土壤粒径，表 5.6 为吸附前后土壤粒径分布表，图 5.23 为吸附前后土壤粒径分布图。

表 5.6　吸附前后土壤粒径

粒径/μm	原土壤		去除有机质土壤	
	吸附前	吸附后	吸附前	吸附后
D（0.1）	1.80	2.37	2.90	3.41
D（0.5）	9.16	9.10	14.24	18.85
D（0.9）	31.35	29.22	34.24	52.64

由表 5.6 分析可知，原土壤吸附前后中位粒径（D0.5）分别为 9.16 μm 和 9.10 μm，表示粒径小于等于 9.16 μm 和 9.10 μm 的颗粒体积分数占百分之五十，实验土壤为粉砂质壤土。

由图 5.23 可以看出，原土壤吸附后粒径略有减少，但变化不大，去除有机质土壤吸附后粒径有一定的增加。分析可知，有机质的存在可能影响土壤粒径的分布，还可能的原因为在对土壤进行去除有机质时对粒径大小产生了影响；去除有机质土壤吸附铀后粒径分布在 0.35$\sim$100 μm 区间，峰值出现在 30 μm 附近，土壤粒径主要为粗粉粒。

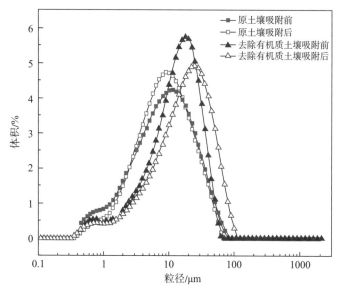

图 5.23 吸附前后土壤粒径分布

5.4.4 土壤比表面积及孔容孔径分析

本研究比表面积和孔径分布用美国 Quantachrome Nova 分析仪来分析。分析结果见表 5.7，分析结果显示，研究用土壤属于中孔材料。吸附后，Langmuir 法比表面积增加了 40% 多，BET 法比表面积也增加近 20%，孔径减小 25%，孔容变化很小。从比表面积来看，实验土壤没有强吸附作用。

表 5.7 土壤比表面积及孔容孔径

土壤	比表面积/(m² · g⁻¹)		孔容/(cm³ · g⁻¹)	孔径/nm
	Langmuir	BET		
吸附前土壤	48.41	21.68	0.044	19.79
吸附后土壤	85.99	25.89	0.046	14.85

图 5.24 为孔径分布图，由图可见，吸附后孔径的分布发生改变，最可几孔径有增加，为 19.69 nm，且大孔径处分布消失。

土壤吸附等温线为 Ⅱ 型［国际纯粹与应用化学联合会（IUPAC）规定，Ⅱ 型等温现为中大孔材料表面和单一多层可逆吸附］，曲线先缓慢增长，后迅速升高，直到接近饱和蒸汽压时仍未达到吸附饱和。曲线在整个过程中都没有发生重叠，形成吸附回线，吸附－脱附曲线回线大，吸附曲线和脱附曲线基本没有分离，吸附回线属于 C 型（按照 IUPAC 中约定，C 型迟滞回线由片状颗粒材料或裂隙孔材料给出）。

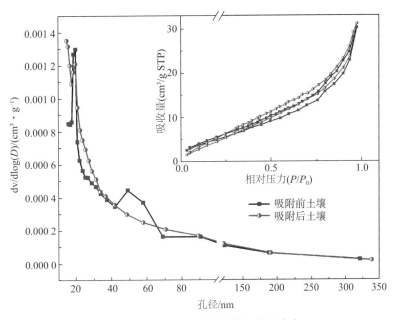

图 5.24　N₂吸附一脱附曲线和孔径分布

5.5　小结

（1）土壤对铀的吸附容量随平衡液铀离子浓度的增加而迅速上升，在铀初始浓度较低时，土壤对铀的吸附能力很强，随着铀初始浓度的增加，吸附容量逐渐趋于平缓。pH、有机质、土壤粒径、土壤磷酸盐含量对土壤吸附铀有较大影响，很大程度上决定了土壤对铀的吸附能力。

（2）土壤对铀的吸附过程用 Langmuir 吸附等温模型来描述最合适；准二级动力学模型很好地描述了吸附过程；内扩散动力学模型的分段拟合结果显示，吸附的前半段主要受膜扩散控制，吸附后期主要是内扩散控制阶段，吸附速率比较慢；由吸附热力学拟合曲线可知，土壤对铀的吸附反应过程主要为物理吸附且基本不受温度的影响。

（3）吸附过程中，随着吸附时间的增加，活性态的铀的比例逐渐增加，非活性铀的比例呈减少的趋势，直至 8 h 时与 16 h 时保持稳定，没有明显变化。

（4）土壤吸附前后土壤表面形态略有变化，基本结构未变，土壤属粉砂粒，吸附后颗粒粒径变化不明显，等温吸附曲线为Ⅱ型，迟滞回线为 C 型。

参考文献：

[1] Ikeda A，Hennig C，Tsushima S，et al. Comparative study of uranyl（Ⅵ）and -（Ⅴ）carbonato complexes in an aqueous solution［J］. Inorganic Chemistry. 2007，46（10）：4212-4219.

[2] Andrea J C Semião，Helfrid M A Rossiter，Andrea I Schäfer. Impact of organic matter and speciation on the behaviour of uranium in submerged ultrafiltration［J］. Journal of Membrane Science，2010，348（1-2）：174-180.

[3] Shang J，Liu C，Wang Z，et al. Effect of grain size on uranium（Ⅵ）surface complexation kinetics and adsorption additivity［J］. Environmental Science & Technology，2011，45（14）：6025-6031.

[4] Anirudhan T S，Radhakrishnan P G. Kinetics，thermodynamics and surface heterogeneity assessment of uranium（Ⅵ）adsorption onto cation exchange resin derived from a lignocellulosic residue［J］. Applied Surface Science. 2009，255（9）：4983-4991.

[5] Zou X，Pan J，Ou H，et al. Adsorptive removal of Cr（Ⅲ）and Fe（Ⅲ）from aqueous solution by chitosan/attapulgite composites：Equilibrium，thermodynamics and kinetics［J］. Chemical Engineering Journal，2011，167（1）：112-121.

[6] 张金利，张林林. 重金属 Pb（Ⅱ）在黏土上吸附特性研究［J］. 岩土工程学报，2012，34（9）：1584-1589.

[7] Mishra S，Maity S，Bhalke S，et al. Thermodynamic and kinetic investigations of uranium adsorption on soil［J］. Journal of Radioanalytical and Nuclear Chemistry，2012，294（1）：97-102.

第 6 章
铀在土壤中的积累特征及运移机制

铀矿山的开采过程中，由于赋存条件的改变，核素会通过系列的物理、化学过程从放射源释放到环境中，污染土壤、水体、生态系统，给居民生活带来安全隐患。目前，对水环境体系中放射性污染物的迁移转化研究比较透彻，缺乏放射性核素在土壤中的积累和迁移方面的研究。土壤中放射性污染物的污染形式更为复杂，不易察觉且易产生生物积累，进而对生态系统的影响会更持久。另外，土壤作为生物圈的重要组成部分，放射性核素的迁移会直接影响到水、大气、生物环境圈层中核素的赋存与积累[1-3]。因此，研究土壤中放射性核素的积累特征及其迁移规律对解决放射性污染问题具有重要意义。

6.1 Cl⁻在土壤中的运移

6.1.1 Cl⁻的穿透曲线

为得到土柱中铀的运移参数，需进行示踪离子的淋溶实验。Cl^-是非常理想的环境示踪剂，Cl^-在土壤中背景含量很低，因此，本实验使用Cl^-的易混合置换实验作为示踪实验。实验步骤为：（1）饱和土柱，土柱填装后，先打开蠕动泵，从土柱底部以较慢的流速自下而上输入去离子水溶液来饱和土壤，以排除土柱内的空气；（2）淋滤试验，调整淋滤液的流向，使其自上而下流经土柱，形成稳定流场；（3）流速稳定后，以浓度为 $0.01\ mol \cdot L^{-1}$ 的 $CaCl_2$ 作为淋滤液，自土柱顶端淋入，定时收集流出液，直到流出液中 Cl^- 浓度接近淋滤液时停止示踪实验。渗滤液 Cl^- 离子浓度全部采用滴定法完成测试。淋溶实验的条件见表 6.1，氯离子穿透曲线见图 6.1。

表 6.1 混合置换实验条件

土壤	土柱规格/ (cm×cm)	容重 ρ_b/ (g·cm⁻³)	饱和含水量 θ/ (cm³·cm⁻³)	达西流速 J_w/ (cm·min⁻¹)	平均孔隙流速 v/ (cm·min⁻¹)
农田土	20×5	1.24	0.468	0.010 6	0.022 6

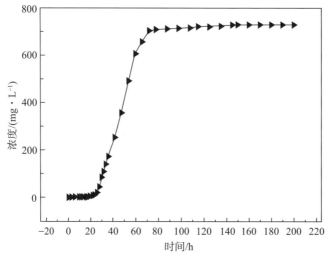

图 6.1　Cl⁻ 在土壤中的穿透曲线

6.1.2　Cl⁻ 在土壤中运移的拟合

（1）研究所采用的土壤溶质运移模型

根据研究条件，选择确定性平衡模型进行拟合。稳定流条件下，对吸附且不发生降解的离子而言，可通过均质土壤运移的 CDE（一维对流弥散）方程进行描述：

$$\rho_b \frac{\partial s}{\partial t} + \theta \frac{\partial C}{\partial t} = \theta D \frac{\partial^2 C}{\partial x^2} - J_w \frac{\partial C}{\partial x} \tag{6.1}$$

式中，t 是时间（d），x 是纵向迁移距离（cm，坐标原点位于实验土柱的上表面，向下为正），θ 是土壤饱和体积含水量（$cm^3 \cdot cm^{-3}$），D 是水动力弥散系数（$cm^2 \cdot d^{-1}$），C（x，t）是土壤溶液中离子的浓度（$mg \cdot L^{-1}$），S 是土壤对重金属的吸附量（$mg \cdot kg^{-1}$），J_w 是达西流速（$cm \cdot d^{-1}$），ρ_b 是土壤容重（$g \cdot cm^{-3}$）。

若土壤对离子的吸附满足线性模式即：

$$S = K_d C \tag{6.2}$$

其中，K_d 为线性分配系数，C 为土壤液相中离子浓度（$mg \cdot L^{-1}$）。且：

$$v = J_w / \theta \tag{6.3}$$

式中，J_w 是达西流速（$cm \cdot d^{-1}$），θ 是土壤饱和体积含水量（$cm^3 \cdot cm^{-3}$），v 为平均孔隙流速（$cm \cdot d^{-1}$），则确定性平衡模型可以简化为：

$$R \frac{\partial C}{\partial t} = D \frac{\partial^2 C}{\partial t} - v \frac{\partial t}{\partial x} \tag{6.4}$$

式中，R 为延迟因子，定义为：

$$R = 1 + \frac{\rho_b}{\theta} K_d \tag{6.5}$$

若离子的吸附是以非线性吸附的形式被考虑，则必须通过偏微分方程的数值解法进行计算。当溶质为惰性保守试剂时，$K_d = 0$，$R = 1$，确定性平衡模型可进一步简化为：

$$\frac{\partial C}{\partial t} = D\frac{\partial^2 C}{\partial x^2} = v\frac{\partial C}{\partial x} \tag{6.6}$$

在本实验条件下，定解条件为：

初始条件为：$C(x, t) = 0$，$x \geqslant 0$，$t = 0$

上边界条件为：$C(x, t) = C_0$，$x = 0$，$t > 0$

下边界条件为：$\dfrac{\partial C}{\partial x}(x, t) = 0$，$x = L$，$t > 0$

式中，L 为土柱长度（cm），C_0 代表注入的离子浓度。

（2）Cl^- 穿透曲线的拟合

在对 Cl^- 穿透曲线进行拟合估算土壤溶质运移参数时，先忽略土壤中阴离子对示踪溶剂的排斥作用，假定其不与土壤基质发生反应，则 $K_d = 0$，$R = 1$，用确定性平衡模型估算水动力弥散系数 D 与平均孔隙流速 v，然后固定 v 值，用平衡模型估算 D 和 R。对模拟结果和测试值进行拟合分析，拟合反演土柱中 Cl^- 的迁移参数，拟合结果如图 6.2 所示。

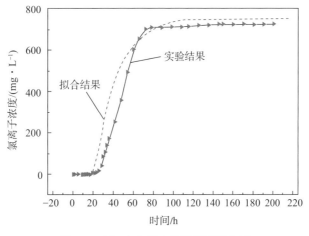

图 6.2　Cl^- 在土壤中的模拟穿透曲线

从图 6.2 可以看出，用确定性模型可以很好地拟合 Cl^- 的运移，Cl^- 的穿透曲线上升较均匀，没有曲折和延迟现象，这说明 Cl^- 在土柱中的运移过程中较少受到物理、化学作用的影响，这与易混合置换实验中平均孔隙流速较低有关。

6.2　铀在农田土壤中的迁移

6.2.1　铀在农田土壤中的动态迁移过程

本研究考虑含铀污水灌溉条件下，铀在农田土壤中的分布、积累特征，共设计 3 种流量的淋滤液，动态迁移实验方法见 2.3.6。不同淋滤条件下，铀在土壤中随时间的动态迁移过程如图 6.3 所示。

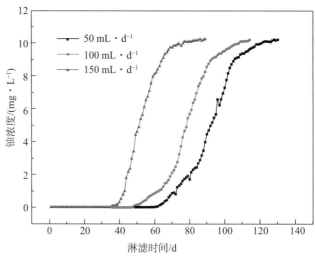

图 6.3　铀在土柱中的迁移

由图 6.3 可知：淋滤量为 50 mL · d^{-1} 的土柱在大约 58 d 后，流出液开始出现铀，随着试验时间的增加，流出液铀浓度不断增高，在约 121 d 时穿出浓度达到进入浓度 10 mg · L^{-1}，在 123 d 后，流出液铀浓度在 10.2 mg · L^{-1} 左右以稳定趋势变化。淋滤量为 100 mL · d^{-1} 的土柱在约 46 d 后，流出液开始出现铀，在约 108 d 时流出液中铀浓度接近淋滤液浓度；淋滤量为 150 mL · d^{-1} 的土柱在约 27 d 后，流出液开始出现铀，且随着时间的延长，流出液铀浓度不断增高，在约 72 d 时流出液中铀浓度接近淋滤液，在 80 d 后，流出液铀浓度随着时间的不断增加，小幅度上升。可见，淋滤液流量越大，穿透曲线中拐点（流出液中铀浓度开始上升的点）出现越早，且穿透时间越短。

分析可知，土柱中铀的淋滤过程同时包含了吸附与解析过程，一方面是外源铀在土柱中不断地吸附累积及迁移，另一方面则是土壤中本身包含的铀在淋滤液冲刷作用下的解吸过程。当淋滤液刚开始淋滤土柱时，还不能达到饱和吸附容量，很难在流出液中检测出微量的铀；随着不断持续淋滤，一部分铀被解吸或冲刷至土柱底部，实现穿透，随后铀浓度持续上升，直至接近饱和吸附容量，淋入与流出的铀达到平衡。达到吸附平衡

6.3.3 淋溶前后土壤表征

（1）FTIR 分析

淋溶前后土壤红外光谱分析如图 6.6 所示，其中 0 为淋溶前土壤；1~5 分别为淋溶结束后在 0~2 cm、2~5 cm、5~10 cm、10~15 cm、15~20 cm 处的土壤。

对比图中淋溶前后红外光谱曲线可见，淋溶后的土壤光谱与原土壤相比变化不大，淋溶后不同土层土壤结构也无明显变化，只是发生了峰的位移和吸收峰强度的变化。具体分析可知，对比淋溶前和淋溶后土壤光谱发现，淋溶后，在 1031 cm^{-1}、912 cm^{-1} 和 796 cm^{-1} 附近均吸收峰均增强，原因为 U—O 特征峰在这段谱峰区间，淋溶过程中，伴随铀的不断吸附和铀形态的转化，在这些区域产生了强吸收；另外，随着土壤层深度的加深，波数由 3442 cm^{-1} 附近向低波数左移，这可能为—OH、N—H 的伸缩振动引起的位移；在 1880 cm^{-1} 和 1630 cm^{-1} 附近因酸酐（RCO)$_2$O 和 C—O、C—C 的伸缩振动也引起了部分位移。

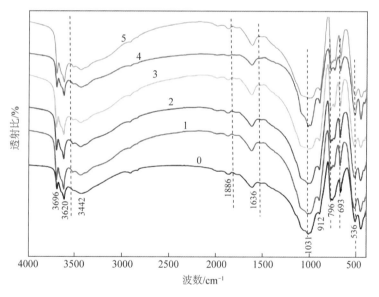

图 6.6 淋溶土壤样品的 FTIR 图

（2）SEM 分析

土壤样品淋溶前后的形貌表征结果见图 6.7，其中（a）为淋溶前土壤；（b）为淋溶后土壤。淋溶前具有复杂、粗糙的表面形貌，具体表现为数量众多的大小不一的鳞片状颗粒和孔隙结构；淋溶后土壤因 UO$_2^{2+}$ 占据了大部分的吸附位点，且与有机物络合形成络合物，被土壤表面上小的不规则结构所吸附，从而改变土壤表面形态。

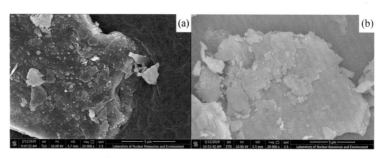

图 6.7 淋溶土壤样品的 SEM 图

6.4 铀在土壤中运移的模拟及预测分析

6.4.1 铀在土壤中运移的模拟

（1）拟合软件

本书土壤中铀的运移用 HYDRUS 软件进行模拟，HYDRUS 是国际地下水模型中心公布的，计算包气带水分、盐分运移规律、溶质运移的软件。用它可以解算在不同边界条件制约下的数学模型，在研究污染物运移方面已得到了大量应用[4-7]，如 Nguyen 等人利用 HYDRUS-1D 模型模拟了水稻土中铜、铅、锌的输运过程。在模拟过程中，在土壤表面形成一个水层，根据土壤的水力性质，重金属可以渗入土壤中，模拟结果表明：锌、铜、铅的浸出率依次降低，顺序提取的结果证实了这一顺序。Trakal 等人利用 hydrus 模型对土壤柱内镉、铜、铅和锌的模拟，并利用 hydrus-2d 程序对柳树的金属迁移和吸收进行了模拟，得出 hydrus 程序可用于模拟镉、铜、铅和锌的迁移及其柳树吸收，另外，考虑到土壤的双重孔隙介质以及各向异性，适合于在土壤中存在根系的情况下进行试验。

（2）模拟结果

结合氯离子示踪实验所得的参数，应用 HYDRUS 软件，对污水灌溉条件下铀的迁移过程进行拟合，结果由图 6.8 所示，其中，（a）为 50 mL·d^{-1} 铀穿透曲线的拟合；（b）为 100 mL·d^{-1} 铀穿透曲线的拟合；（c）为 150 mL·d^{-1} 铀穿透曲线的拟合。

由图 6.8 可见，其中，淋溶量为 50 mL·d^{-1} 的铀穿透曲线拟合的最好；淋溶量为 100 mL·d^{-1} 的铀穿透曲线其拟合结果较穿透实验略有提前；淋溶量为 150 mL·d^{-1} 的铀穿透曲线在淋溶的前段时间拟合较好，淋溶后半段拟合结果较穿透实验略有提前。拟合结果较穿透实验略有提前的可能原因为，土壤饱水后，随着淋滤时间的延长，土壤内部结构更加紧密，渗透系数减少，导致穿透速率受到影响。但总体看，拟合结果与实验结果吻合较好。

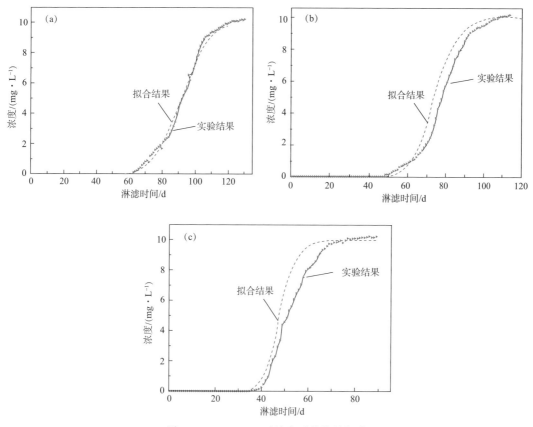

图 6.8 HYDRUS 对铀穿透曲线的拟合

（3）铀在土壤剖面随时间变化的分布特征模拟

铀污染体进入土柱后，铀在土壤剖面随时间变化的分布特征模拟结果如图 6.9 所示，其中，（a）为 50 mL·d^{-1} 铀动态迁移拟合；（b）为 100 mL·d^{-1} 铀动态迁移拟合；（c）为 150 mL·d^{-1} 铀动态迁移拟合。由图 6.9 可知，不同流量下污染物铀在土柱中的迁移趋势基本相同，与实验结果一致。每个柱中铀在水头作用下向下移动，浓度范围不断扩大，且浓度不断增加，由纵向浓度剖面可知，以淋滤量为 50 mL·d^{-1} 的污染体为例，在第 12 d 的时候，最大浓度（10 mg·L^{-1}）锋面到达 8 cm 深度处；在第 60 d 的时候，污染体的前锋已迁移到 20 cm 深度处；第 120 d 的时候，最大浓度锋面到达 20 cm 深度处。可见，模拟结果与实验结果吻合，HYDRUS 模型可以较好地模拟铀在土柱中的动态迁移过程。

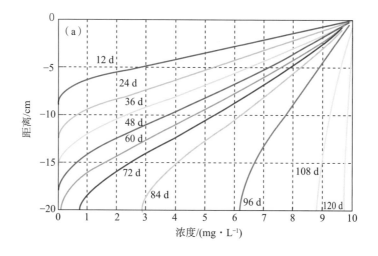

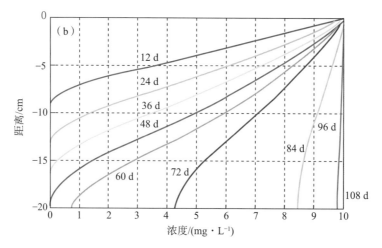

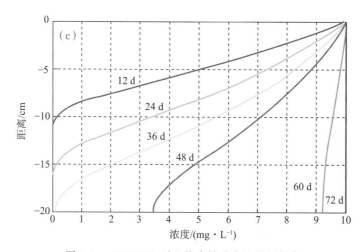

图 6.9　HYDRUS 对土柱中铀动态迁移的拟合

6.4.2　铀在土壤中运移的预测分析

应用 HYDRUS 软件，对污水灌溉条件下铀在土壤中的迁移距离进行预测，模拟年降雨量 1700 mm，降雨入渗系数 0.2，农业有效灌溉系数 0.5～0.6，地下水埋深 5 m，图 6.10 为铀浓度 10 mg·L^{-1} 和 0.5 mg·L^{-1} 两种污染体迁移预测结果，其中，（a）为铀浓度 10 mg·L^{-1} 迁移距离预测图；（b）为铀浓度 0.5 mg·L^{-1} 迁移距离预测图。前期研究得知，研究区灌溉水的铀浓度范围约 30～250 μg·L^{-1}，而矿山废水铀排放标准为 50 μg·L^{-1}，铀的饮用水限值为 10 μg·L^{-1}。

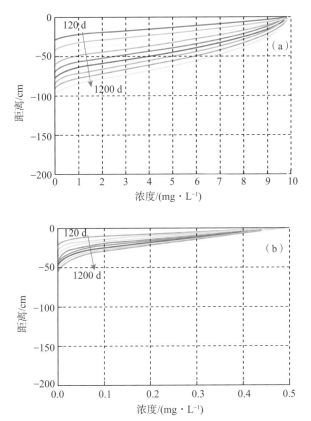

图 6.10 HYDRUS 软件对铀在土壤中分布的预测结果

分析图 6.10 可知，污染体浓度 10 mg·L^{-1}（相当于矿山废水排放标准 200 倍，周边矿山渗滤液灌溉水的 40 倍），120 d 约迁移 25 cm，1200 d 迁移 100 cm 的距离；污染体浓度 0.5 mg·L^{-1}（相当于矿山废水排放标准 10 倍，周边矿山渗滤液灌溉水的 2 倍），120 d 约迁移 10 cm，1200 d 迁移 50 cm 的距离，可见，对环境地下水的风险不容忽视。

6.5 小结

（1）土壤对铀的吸附性能是土柱淋出液中铀浓度及土柱剖面中铀分布的决定性因素，研究区土壤在实验设置的不同淋溶条件下都有穿透的现象；淋溶过程因为 UO_2^{2+} 占据了大部分的吸附位点，且与有机物络合形成络合物而改变了土壤表面形态，但土壤的结构并未发生改变。

（2）应用 HYDRUS 软件对土壤在不同流量铀迁移及在土体中的积累进行拟合，土柱中不同时间、不同剖面铀含量的运移有很好的拟合效果。

（3）应用 HYDRUS 软件，对污水灌溉条件下铀在土壤中的迁移距离进行预测，在灌溉水铀浓度为 0.5 mg·L^{-1} 时，污染体 120 d 约迁移 10 cm，1200 d 迁移 50 cm 的距离，对环境地下水的风险不容忽视。

参考文献：

[1] 董武娟，吴仁海. 土壤放射性污染的来源、积累和迁移 [J]. 云南地理环境研究，2003，15（2）：83-87.

[2] Francis A T，Huang J W. Proceedings of international conference of soil remediation [M]. Zhejiang：Zhejiang Publisher，2000：150-157.

[3] 李锐仪. 土壤放射性核素的来源与迁移 [J]. 环境，2015（s1）：63-64.

[4] Adhikari K，Pal S，Chakraborty B，et al. Assessment of phenol infiltration resilience in soil media by HYDRUS-1D transport model for a waste discharge site [J]. Environmental Monitoring and Assessment，2014，186（10）：6417-6432.

[5] Nguyen Ngoc M，Dultz S，Kasbohm J. Simulation of retention and transport of copper，lead and zinc in a paddy soil of the Red River Delta，Vietnam [J]. Agriculture Ecosystems and Environment，2009，129（1）：8-16.

[6] Trakal，Lukas，Komarek，et al. Modelling of Cd，Cu，Pb and Zn transport in metal contaminated soil and；their uptake by willow (Salix x smithiana) using HYDRUS-2D program [J]. Plant and Soil，2013，366（1-2）：433-451.

[7] Tan X，Shao D，Gu W，et al. Field analysis of water and nitrogen fate in lowland paddy fields under different water managements using HYDRUS-1D [J]. Agricultural Water Management，2015，150：67-80.

第7章

降雨条件下土壤中铀的
淋溶特性及其转化机制

    铀尾矿中含有放射性核素的尾矿渣长时间露天堆放,在大气降水的淋滤下随地表水的下渗进入地下水的循环,在随地下水迁移的过程中,由于在土壤中发生机械过滤、离子交换等作用,一部分污染物被截留在土壤中,因此研究铀在土壤中的迁移转化机制有重要意义。

    本书涉及的研究区铀尾矿位于我国南方,该区降雨充沛,同时也是较为严重的酸雨区,对矿区的 pH 影响较大。pH 对铀在土壤中的影响主要体现在其形态及其表面交换性能,并且改变了土壤对铀的吸附能力。吸附和迁移是影响铀在土壤中的运动以及最终归宿的两个重要因素,如果铀能够被土壤强烈的吸附,则铀就很容易停留在土壤的表面,反之,铀就很容易被淋滤出来,形成铀的迁移,造成生态环境的污染;而铀迁移的原因则是溶解于土壤间隙水的铀,随着土壤间隙水沿土壤间隙竖直向下运动,不断地向土壤深层渗透。影响铀迁移的因素很多,包括土壤的粒径与性质、淋滤量、淋滤液 pH 等因素。故若只采用土壤对铀的静态吸附实验,首先与实际环境中铀在土壤的运动相比较为单一,导致实验结果同实际情况具有较大偏差,无法准确详实地描述铀在土壤中的吸附迁移情况;其次研究土壤在模拟降雨条件下的铀的迁移特性,有利于阐述铀在土壤中迁移转化机制,并为受铀污染土壤的改良和修复利用提供理论依据。因此,本研究除了进行土壤静态吸附铀的实验研究之外,还选择铀尾矿地区受污染土壤,采用室内土柱模拟实验,讨论降雨作用下污染土壤中铀的迁移及形态转化。

7.1   不同 pH 降雨条件下污染土壤中铀的淋溶特性

7.1.1   淋溶过程中铀的释放特征

    本淋滤实验模拟不同 pH 天然降水,模拟降水时间为 360 h。查资料得江西省年平均降水量约为 1774 mm,所以设置每天淋滤量为 320 mL,总淋滤量为 4800 mL,相当于 2 年以上的降雨入渗量(每年入渗量约为 2.09 L),淋滤液 pH 分别为 4.0、5.6、7.0。以淋滤量为横坐标,淋出液铀浓度为纵坐标作图,模拟降雨作用下铀的动力学释放过程如图 7.1 所示。

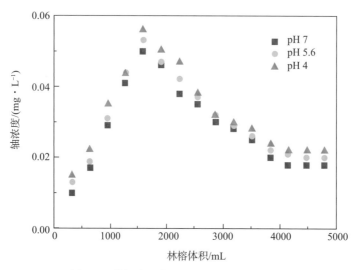

图 7.1   模拟降雨作用下土壤铀的释放过程

由图 7.1 可以看出，模拟降雨作用下，3 种淋滤液中铀的释放过程大致相同。累计淋溶量 1600 mL 内是铀快速释放时期，在这个阶段，淋出液的铀浓度较高，且最高达到 0.05 mg·L^{-1}，相当于矿山废水的排放标准 50 μg·L^{-1}。此阶段变化较为剧烈，是快速释放过程，可能是来源于土壤中可交换态（水溶态）铀及存在于土壤间隙中的比较活跃的土壤铀形态，易于在土壤中迁移，使用水淋滤后，很容易被解吸出来，并进入溶液中，这部分铀释放速率主要由溶液在土柱中的迁移速率决定；1600 mL 后，淋出液内铀浓度含量开始逐渐下降，可能是由于淋滤液为酸性，连续的酸性溶液淋滤使得土壤中 H$^+$ 离子升高，一方面土壤中有限的吸附点位被 H$^+$ 离子所占据，使得部分铀不能与土壤结合，被解吸进入溶液，另一方面土壤中的碳酸盐态铀、有机质结合态铀等其他形态铀在酸性溶液的作用下也被缓慢释放出来；而在 4160 mL 后，淋出液的铀浓度开始达到平衡，维持在一定的浓度，是趋于稳定的释放阶段，推测原因可能是随着淋滤试验的进行，原本被覆盖的土壤表面被释放出来，产生新的表面，提高了土壤吸附能力，土柱与淋溶液达到了短期内的铀吸附—解吸的动态平衡。

值得一提的是，淋滤液 pH 大小对铀释放量产生了一定的影响。在淋溶初始阶段，不同 pH 淋滤液对铀释放的影响并不显著，这主要是由于在初始阶段土壤表面对铀的吸附作用占主导地位，而随着淋溶时间的延长，pH 的影响逐渐显示出来，pH 的降低明显加剧了铀的解吸。

7.1.2   淋溶过程土壤中铀的纵向分布特征

淋滤结束后，测定不同深度土柱中铀的含量，用以研究淋溶过程土壤中铀的纵向分布特征。如图 7.2 所示，随着土柱中土壤深度的增加，各组土壤中铀纵向分布均波动较大，其中，淋滤液 pH 为 4.0 的土柱铀浓度峰值为试验组中最深的位置，可见酸性条件下，有利于铀的释放。前面的研究已经证明，铀在酸性条件下多以游离态（UO_2^{2+}）的形式存在，且淋滤过程中 H^+ 离子多，较多的 H^+ 会与 UO_2^{2+} 形成竞争吸附，故 UO_2^{2+} 更容易发生迁移。而淋滤液 pH 为 5.6 和 7.0 的土柱铀在 300 mm 深度附近产生了积累，原因可能为，随着淋滤时间的延长和淋滤液 pH 的升高，土柱中会逐渐产生 $[(UO_2)_2CO_3(OH)^3]^-$ 等络合物，这些络合物迁移较慢，进而在柱中积累沉淀。

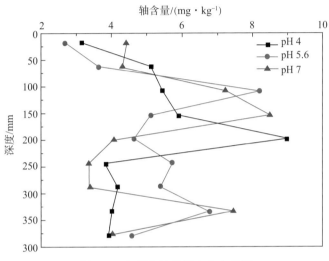

图 7.2 土壤中铀的纵向分布特征

7.1.3 铀的累计释放量和释放率特征

淋出液中铀累计释放量的计算：

$$q = \frac{\sum_{i=1}^{n} C_i v}{m} \tag{7.1}$$

式中，q 为土壤中铀的累计释放量（$\mu g \cdot kg^{-1}$）；C_i、v 分别为第 i 次采样淋出液中的铀浓度（$\mu g \cdot L^{-1}$）和淋溶液体积（320 mL），m 为供试土壤质量（约 1 kg）。

土柱内铀释放率为：

$$K = \frac{q}{s} \times 100\% \tag{7.2}$$

式中，K 为土柱内铀的释放率，q 为土壤中铀的累计释放量（$\mu g \cdot kg^{-1}$），s 为土柱内铀初始含量。

淋滤试验结束后，不同土柱的累积释放量和释放率计算结果见表 7.1。结果表明，各土柱由于淋滤液 pH 的不同铀的释放量和释放率有所不同，随着淋滤液 pH 的增加，释放率随之减少。当 pH 为 4.0 的时候，释放率为 4.81%，而当 pH 为 7 的时候，释放率仅为 4.22%，说明在酸雨淋滤条件下，铀更容易迁移到生态环境中，生物危害性较大，需要加以重视。

表 7.1　铀的累计释放量和释放率

淋滤液 pH	释放量 $q/$ （$\mu g \cdot kg^{-1}$）	释放率 $K/\%$
4.0	154.24	4.81
5.6	145.92	4.55
7.0	135.36	4.22

7.2　不同 pH 降雨条件下污染土壤中铀释放动力学

土壤是一个开放系统，在外界条件作用下，土壤中发生的化学反应是动态的，也即土壤中元素的转化过程是动态的，其释放行为受土壤的物理和化学性质以及与其他阳离子的相互作用的影响，因此应用化学动力学方法表达元素在土壤中的化学变化过程，对解析元素的动态转化和迁移过程更具应用价值。

Elovich 方程是一个经验方程，适用于各种化学吸附过程特别是非均相的化学反应过程。Elovich 模型方程为：

$$q_t = K_E \ln t + C_1 \tag{7.3}$$

式中，q_t 代表累计释放量，$\mu g \cdot kg^{-1}$；K_E 代表 Elovich 吸附速率常数，C_1 代表常数。3 种不同淋滤液下土壤中铀的 Elovich 动力学模拟见图 7.3（a），拟合的结果见表 7.2。

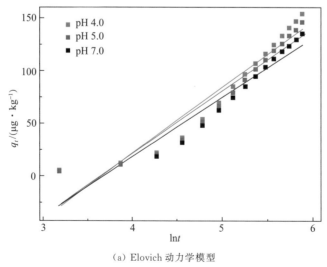

（a）Elovich 动力学模型

图 7.3　Elovich 动力学模型和双常数速率方程

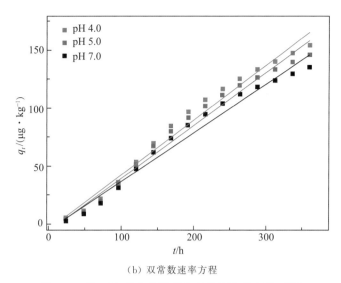

（b）双常数速率方程

图 7.3　Elovich 动力学模型和双常数速率方程（续）

双常数速率方程也是一个经验方程，可以体现土壤和矿物表面的吸附点位对吸附质的亲和力存在差异。双常数速率方程为：

$$q_t = b t^a \tag{7.4}$$

式中，q_t 代表铀的累计释放量，$\mu g \cdot kg^{-1}$；a、b 代表的是常数。3 种不同淋滤液下土壤中铀的双常数速率动力学模拟见图 7.3（b），拟合计算结果见表 7.2。

表 7.2　释放动力学拟合参数

淋滤液 pH	Elovich 方程			双常数速率方程		
	K_E	C_1	R^2	a	b	R^2
4.0	62.82	−229.79	0.911 1	0.988 9	0.485 6	0.976 7
5.6	59.73	−218.61	0.913 3	0.986 6	0.466 8	0.975 9
7.0	56.01	−205.78	0.913 2	0.994 1	0.416 6	0.973 3

由表 7.2 可知，Elovich 方程拟合的结果较好，且 Elovich 方程比较适合描述活化能变化较大的反应过程，土壤中淋滤和释放铀的过程与土壤中的吸附解吸都有关，说明铀的累计释放量 q_t 与 $\ln t$ 之间的关系可以用 Elovich 方程拟合，根据表中 K_E 值可得，淋滤液 pH 越低，铀的扩散速度越快，符合试验结果。

双常数速率方程相比 Elovich 方程拟合结果更为理想，即说明淋滤试验的动力学特征能很好地遵循双常数速率方程，土壤表面对铀的释放可以表现出能量的不均匀性。

7.3 不同 pH 降雨条件下土壤中铀形态转化的机制分析

7.3.1 不同 pH 条件淋溶后铀的形态变化

图 7.4 为淋溶结束后土壤铀的赋存形态特征。由图 7.4 可见，经不同 pH 淋滤液淋滤后，可交换态（水溶态）铀在淋滤液 pH 为 7 的土壤中含量最高，且接近原土壤背景值，说明中性环境下不利于可交换态（水溶态）铀的释放与迁移；碳酸盐结合态铀在淋滤液 pH 4.0 土壤中含量最少，在 pH 7.0 中含量最多；惰性态铀在淋滤液为 pH 4.0 土壤含量最高，说明随着淋滤液 pH 的降低，大多数较易迁移与转化的铀被解吸乃至释放到外界环境中，导致土壤中吸附存留的多为不易发生反应的铀。

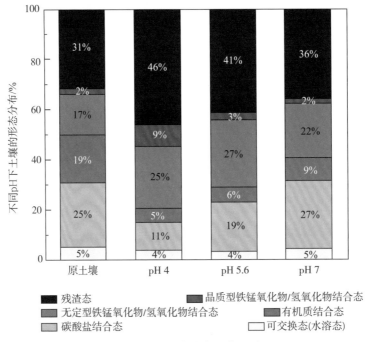

图 7.4 铀形态分布百分比图

从总体上看，经过偏中性淋滤液淋滤后，各形态变化较小，形态分布稳定。而经过酸性淋滤液淋滤后，各形态铀有较大变化，且大多数易迁移形态铀被释放出来，故应警惕在自然环境中，酸雨条件下铀对周边土壤的污染威胁。

7.3.2　不同 pH 条件淋溶后铀的各形态剖面分布特征

不同 pH 条件淋溶后铀的各形态在土柱剖面上的分布特征如图 7.5 所示。从铀各形态的剖面分布图可以看出，总体上，经不同 pH 淋滤后，土壤铀的活性态含量百分比均随着土层深度的加深呈增加的趋势，在 pH 为 4.0 的条件下，迁移速率最快，说明这几个活性态铀随着淋滤液 pH 的降低，迁移与转化能力逐渐增大，容易被释放出去；经不同 pH 淋滤后，土壤残渣态铀总体随土层深度的加深呈下降趋势，但土壤残渣态铀均在土柱深层开始累积，在 pH4.0 的土柱中累积趋势尤其明显，说明残渣态铀尽管会受到 pH 的影响，但仍难迁移，进而在土壤中积存。

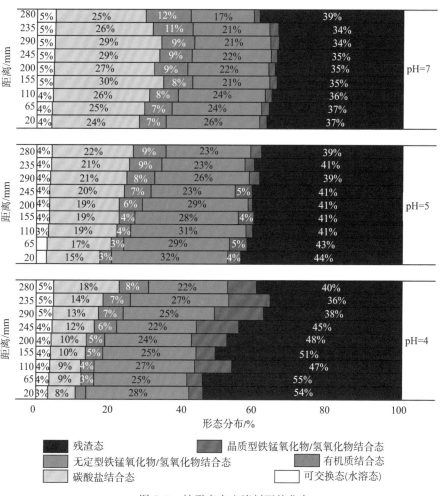

图 7.5　铀形态在土壤剖面的分布

7.3.3 不同 pH 下铀的形态分布模拟

通过 Visual Minteq3.1 模拟了 pH 4.0、pH 5.6、pH 7.0 三种土壤溶液中铀的形态，3 种不同 pH 下土壤溶液中铀的物种分布如图 7.6 所示。

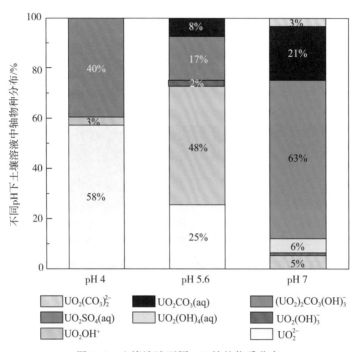

图 7.6　土壤溶液不同 pH 铀的物质分布

由图可见，当 pH 为 4.0 时，铀在溶液中多以 UO_2^{2+} 的形式存在（$>58\%$），另外还有 UO_2OH^+（3%）和 UO_2SO_4（aq）（40%）；当 pH 为 5.6 时，铀在溶液中存在形式为 UO_2^{2+}（25%）、UO_2OH^+（48%）、UO_2OH^{3-}（2%）、UO_2SO_4（aq）（17%）和 UO_2CO_3（aq）（8%），由此可知，铀在 pH 为 5.6 条件下也多以游离态（UO_2^{2+}）的形式存在，但较 pH 为 4.0 的条件下的 UO_2^{2+} 减少了 33%，UO_2OH^+ 增加了 45%，且出现了 UO_2CO_3（aq）（8%）的形式；当 pH 为 7.0 时，UO_2^{2+} 已基本没有，开始出现了 $(UO_2)_2CO_3(OH)_3^-$（63%）、UO_2OH_2（aq）（6%）和 $UO_2(CO_3)_2^{2-}$（3%）三种新的形式，且占主要比例，UO_2CO_3（aq）的形式较 pH5.6 条件下增加了 13%。

可见，铀在 pH 为 4.0 条件下多以游离态（UO_2^{2+}）的形式存在，由于酸性环境中含有较多的 H^+ 离子，H^+ 与 UO_2^{2+} 同时竞争有限的负电位活性位点，导致 UO_2^{2+} 不能与土壤表面负电位点位有效地结合，因而在土壤 pH 4.0 时，吸附率不高，也即利于铀的释放与迁移；pH 为 5.6 和 7.0 条件下，UO_2^{2+} 明显减少，UO_2^{2+} 与溶液中的 OH^-、HCO_3^-、CO_3^{2-} 等结合，产生了 $(UO_2)_2CO_3(OH)_3^-$、$UO_2(CO_3)_2^{2-}$ 等铀酰络合物。

前期实验中得知，淋滤结束后，pH 为 5.6 和 7.0 条件下，碳酸盐结合态铀增加比例较多；pH 为 4.0 土壤中无定型铁锰氧化物/氢氧化物结合态和残渣态铀在淋滤液含量最高，说明在低 pH 条件下，大多数 UO_2^{2+} 形态通过迁移与转化被解吸乃至释放到外界环境中，导致土壤中吸附存留的多为惰性铀。可见，实验结果与模拟结果保持一致。

7.4　小结

（1）淋滤液 pH 对铀释放量产生了一定的影响。累计淋溶量 1600 mL（相当于 8 个月降雨量）内是铀快速释放时期，在这个阶段，淋出液的铀浓度较高，且最高达到 0.05 mg·L^{-1}（矿山废水排放标准），而随着淋溶的继续进行，不同 pH 淋滤液的影响逐渐降低；pH 的降低明显加剧了铀的解吸。

（2）模拟降雨试验表明，随着淋滤液 pH 降低，各组土壤中活性铀含量纵向分布保持着一定的降低趋势，说明在酸雨淋滤条件下，铀更容易迁移到生态环境中，生物危害性较大，需要加以重视。

（3）模拟降雨条件下土壤中铀的释放过程，可以用双常数速率方程和 Elovich 方程拟合，双常数速率方程拟合效果更为理想，即说明土壤表面对铀的释放可以表现出能量的不均匀性。

（4）淋滤后各形态铀在剖面分布特征：经不同 pH 淋滤后，土壤铀的活性态含量百分比均随着土层深度的加深呈增加的趋势，土壤残渣态铀总体随土层深度的加深呈下降趋势，但土壤残渣态铀均在土柱深层开始累积，在 pH 4 的土柱中累积趋势尤其明显，说明残渣态铀很容易在土壤中被吸附留存，保持稳定的含量。

（5）通过 Visual Minteq3.1 模拟了 pH 4.0、pH 5.6、pH 7.0 三种土壤溶液中铀的形态，模拟结果与实验结果保持一致。

第 8 章

结论与展望

8.1 主要结论

（1）铀尾矿库周边土壤铀空间分布、富集及分类特征

1）研究区土壤平面铀含量分布差异较大，距离尾矿坝越近，铀含量越高，另外农田土壤铀含量可能受研究区大气沉降/雨水冲刷等影响较大，铀污染晕圈定区域约距尾矿坝下游 5 km；土壤剖面铀含量总体随土壤层深度的加深而减小，铀含量低的土壤含量随深度变化不明显。

2）应用 SPSS 软件，分析表层土壤-根际土壤-水稻根中铀含量的相关性，结果表明它们之间具有很好的相关性，且均在 0.01 水平（双侧）上显著相关，充分说明存在根际区对铀的富集作用；另外铀在 SiO_2 含量较低，Fe_2O_3、Al_2O_3、P_2O_5 较多的土壤中更易富集，有机质会加强土壤对铀的富集能力。

3）通过多元统计分析土壤铀污染来源研究发现，尾矿区 U、Cu、Pb 和 Th 元素之间可能存在同源关系而导致其产生协同作用。

（2）分析土壤铀赋存形态特征，揭示外源铀转化机制

1）分析测定了几个主要农田土壤采样点不同深度的土壤铀形态，可知，不同采样点的铀形态分布没有明显的规律；表层土壤铀赋存形态较深层土壤有较大差异，大部分采样点表层土壤铀的残渣态含量最高，是土壤中铀的主要赋存形态；而在表层土壤中，由于受外界环境影响较大，土壤中活性铀分布差异较大。

2）根际土壤铀的赋存形态中，碳酸盐结合态和有机结合态比例明显偏高；不同采样点活性态铀分布与采样点铀含量有一定的相关性，高铀含量的采样点活性铀比例也偏高；pH 和有机质是影响铀赋存形态的主要因素，另外 MnO、Fe_2O_3、Al_2O_3 对铀的赋存形态也有一定的影响。

3）淹水条件下不同浓度水平的铀在土壤中形态转化的动态过程：交换态铀的比例随着培养时间降低，碳酸盐结合态的比例随培养时间总体呈现上升的趋势，有机质结合态铀的比例随着培养时间的增长缓慢上升，铁锰氧化物/氢氧化物结合态铀比例随着培养时间呈升高趋势，残渣态铀比例在农田土壤中变化不大；农田土吸附铀之后表面孔隙度逐渐降低，铀的特征吸收峰出现在 $800 \sim 1100 \ cm^{-1}$ 区间，随着培养时间的延长，在

1030 cm^{-1} 和 800 cm^{-1} 附近均出现强吸收峰；淹水培养过程中 pH 随培养时间的延长缓慢升高，根据 pH 变化进行形态分布模拟，模拟结果与实验结果保持一致。

（3）研究区农田土壤对铀的吸附

1）土壤对铀的吸附容量随平衡液铀离子浓度的增加而迅速上升，在溶液铀初始浓度较低时，土壤对铀有很强的吸附能力，但随着铀初始浓度的增加，吸附容量逐渐趋于平缓，pH 和有机质是影响铀吸附的主要因素。

2）土壤对铀的吸附过程用 Langmuir 吸附等温模型来描述最合适；准二级动力学模型拟合达极显著相关；内扩散动力学模型拟合结果显示，吸附的前半段主要受膜扩散控制，吸附后期主要是内扩散控制阶段；由吸附热力学拟合曲线可知，土壤对铀的吸附反应过程主要为物理吸附，且基本不受温度的影响。

3）吸附过程中，铀以六种形态存在，其分布不均匀，但随着吸附时间的增加，活性态的铀的比例逐渐增加，非活性铀的比例呈减少的趋势，直至 8 h 时与 16 h 时保持稳定，没有明显变化。可见，外源（或污染）铀主要以活性铀形态存在，故环境危害较大。

4）土壤吸附前后土壤表面形态略有变化，基本结构未变，实验土壤属于粉砂粒，吸附后颗粒粒径变化不明显，等温吸附曲线为 II 型，迟滞回线为 C 型。

（4）污水灌溉条件下铀在土壤中的积累特征

1）研究区土壤在不同淋溶量的淋溶过程中均出现了穿透现象，应用 HYDRUS 软件对土壤在不同流量铀迁移及在土体中的积累进行拟合，土柱中不同时间、不同剖面铀含量的运移有很好的拟合效果。

2）应用 HYDRUS 软件，对污水灌溉条件下铀在土壤中的迁移距离进行预测，在灌溉水铀浓度为 0.5 mg·L^{-1} 时，污染体 120 d 约迁移 10 cm，1200 d 迁移 50 cm 的距离，对环境地下水的风险不容忽视。

（5）降雨条件下土壤中铀的淋溶特性及其转化机制

1）淋滤液 pH 对铀释放量产生了一定的影响。随着淋滤液 pH 降低，各组土壤中活性铀含量纵向分布保持着一定的降低趋势，说明在酸雨淋滤条件下，铀更容易迁移到生态环境中，生物危害性较大，需要加以重视。

2）模拟降雨条件下土壤中铀的释放过程，可以用双常数速率方程和 Elovich 方程拟合，双常数速率方程拟合效果更为理想，即说明土壤表面对铀的释放可以表现出能量的不均匀性。

3）经不同 pH 淋滤后，土壤铀的活性态含量百分比均随着土层深度的加深呈增加的趋势，土壤残渣态铀总体随土层深度的加深呈下降趋势，但土壤残渣态铀均在土柱深层开始累积，在 pH 4 的土柱中累积趋势尤其明显，说明残渣态铀很容易在土壤中被吸附留存，保持稳定的含量。

4）通过 Visual Minteq3.1 模拟了 pH 4.0、pH 5.6、pH 7.0 三种土壤溶液中铀的形态，模拟结果与实验结果保持一致。

8.2　主要创新点和特色

（1）本书开展的土壤铀吸附研究中，把土壤铀吸附试验与铀形态分析结合起来开展研究，对分析铀被土壤吸附后的生物有效性更具实际意义。

（2）在研究区农田土壤铀赋存形态的研究中，结合稻田土壤的淹水培养条件，分析外源铀在农田土壤中的形态转化及动态变化特点，更具有实际应用价值。

（3）本研究应用污染物迁移模型开展了铀污水灌溉条件下，不同灌溉量铀在土柱中的迁移分布模拟研究，更能反映农田实际情况，具有较高的可靠性和可行性。

8.3　展望

（1）进一步开展土壤铀吸附与铀赋存形态的结合研究：本研究初步分析了土壤铀吸附与铀形态的关系，但没有进行相关影响因素的分析，机理还不能很好地表达。

（2）由于 HYDRUS 软件只能对元素的纵向运动进行拟合，因此，本研究中对铀在土壤中迁移积累过程的模拟预测只是一个初步的探讨。在实际土壤环境中，铀的分布动态非常复杂，受多种复杂参数和因素的影响，需要使用功能更为强大的模型软件才能完成。同样，对污染土壤中铀的释放动力学方程的拟合，未能考虑到不同水流、土壤因子等环节的影响，这些方面的工作需要用新的模型才能完成。